Thorsten Hagenloch

Grundzüge der Entscheidungslehre

Schriftenreihe des Kompetenzzentrums für Unternehmensentwicklung und -beratung

Das Kompetenzzentrum für Unternehmensentwicklung und -beratung (KUBE e.V.) widmet sich der Entwicklung, Pflege, Anwendung und Diffusion betriebswirtschaftlicher Methoden und Instrumente in Theorie und Praxis. Unter **www.kube-ev.de** gibt es nähere Informationen über KUBE-Leistungsspektrum, -Projekte, -Studien, -Methoden und -Publikationen.

Bisher erschienene Werke:

Lehr- und Studienbücher:

Hauke, W.; Opitz, O. (2003): Mathematische Unternehmensplanung, 2. Aufl.

Pflaumer, P. (2004): Klausurtraining Deskriptive Statistik

Schneider, D. (2004): Grundlagen der Betriebswirtschaftslehre - kompaktes Basiswissen

Schneider, D. (2005): Klausurtraining Grundlagen der Betriebswirtschaftslehre, 2. Aufl.

Pflaumer, P. (2005): Klausurtraining Finanzmathematik

Hagenloch, T. (2007): Value Based Management und Discounted Cash Flow-Ansätze. Eine verfahrens- und aufgabenorientierte Einführung

Rauch, K. (2007): Steuern in der Sozialwirtschaft – Steuern und Gemeinnützigkeit

Schneider, D. (2007): Unternehmensführung – Instrumente für das Management in der Postmoderne, Kompakte Studienausgabe

Schneider, D. (2007): Fallstudien- und Klausurtraining zur Unternehmensführung – Case Studies und Multiple-Choice-Aufgaben für Manager, Controller und Berater

Forschung und Projekte:

Boes, S. (2004): Die Anwendung der Konzepte probabilistischer Bevölkerungsmodelle auf Prognosen für den Hochschulbereich

Schneider, D.; Amann, M. (2005): Benchmarking von Beratungsgesellschaften mit Success Resource Deployment - ein empirischer Vergleich von Accenture über BCG bis McKinsey aus Kundensicht

Thorsten Hagenloch

Grundzüge der Entscheidungslehre

Die Deutsche Bibliothek – CIP-Einheitsaufnahme

Ein Titelsatz für diese Publikation ist bei der Deutschen Bibliothek erhältlich.

Herstellung und Verlag: Books on Demand GmbH, Norderstedt
ISBN 978-3-8370-3262-8

Vorwort

Mit der nachfolgenden Systematisierung von Entscheidungsmodellen wird ein allgemeiner Rahmen zur Strukturierung komplexer Probleme geschaffen. Dieser ist einerseits für zahlreiche konzeptionelle Fragestellungen einer entscheidungsorientierten Betriebswirtschaftslehre unverzichtbar und liefert andererseits wichtige Hinweise für konkrete praktische Problemstellungen. Das im Vordergrund stehende Grundmodell der Entscheidungstheorie soll Studierenden ein geeignetes Ordnungsschema für eine Vielzahl von Entscheidungsproblemen an die Hand geben, mit denen sie auch in anderen Lehrveranstaltungen konfrontiert werden. Unabhängig davon, welche konkrete „Entscheidungsrechnung" am Ende zur Fundierung einer Entscheidung herangezogen wird, sie lässt sich ausgehend von diesem Grundmodell und den damit zusammenhängenden Prinzipien schrittweise, häufig auch durch problemadäquate Vereinfachungen, erfassen.

Dieses Buch dient der Vermittlung von Basiswissen: es soll in die spezifischen Problemfelder und Lösungsansätze der Entscheidungslehre einführen und folgt dem Ziel, wesentliche Zusammenhänge dieser Disziplin verständlich zu vermitteln. Aufgrund des einführenden Charakters dieses Buches wird von einer Darstellung komplexer mehrstufiger Entscheidungsrechnungen, Mehrpersonenentscheidungen und spieltheoretischer Aspekte abgesehen.

Bei den Verantwortlichen des Kompetenzzentrums für Unternehmensentwicklung und -beratung (KUBE e.V.) bedanke ich mich für die Aufnahme dieses Buches in die KUBE-Schriftenreihe. Mein Dank gilt auch dem Verlag für die unproblematische Zusammenarbeit. Für Fehler jeglicher Art, die sich trotz aller Sorgfalt eingeschlichen haben können bzw. verblieben sind, bin ich selbstverständlich allein verantwortlich.

Januar 2009 Thorsten Hagenloch

Inhaltsverzeichnis

1 Einführung und Grundbegriffe ... 1
1.1 Grundzüge entscheidungstheoretischer Fragestellungen ... 1
1.2 Das Grundmodell der normativen Entscheidungstheorie ... 2
1.2.1 Entscheidungsfeld und Ergebnismatrix ... 4
1.2.2 Zielsystem und Entscheidungsmatrix ... 10
1.3 Grundstruktur von Entscheidungsregeln ... 15
1.4 Übungen und Kontrollfragen ... 18

2 Entscheidungen bei Sicherheit ... 19
2.1 Grundlagen ... 19
2.2 Entscheidungen bei einer Zielsetzung ... 20
2.3 Entscheidungen bei mehreren Zielsetzungen ... 25
2.3.1 Additives Nutzenmodell ... 27
2.3.2 Spezielle Entscheidungsregeln ... 32
2.4 Übungen und Kontrollfragen ... 40

3 Entscheidungen bei Ungewissheit ... 43
3.1 Grundlagen ... 43
3.2 Entscheidungsregeln bei Ungewissheit ... 45
3.3 Übungen und Kontrollfragen ... 50

4 Entscheidungen bei Risiko ... 51
4.1 Grundlagen ... 51
4.2 Klassische Entscheidungskriterien ... 54
4.3 Wertpapiermischung auf Basis des (μ,σ)-Prinzips ... 64
4.4 Erwartungsnutzenmodell (Bernoulli-Prinzip) ... 85
4.5 Fallstudie - Anwendung und Rationalität von Entscheidungsregeln ... 95
4.6 Übungen und Kontrollfragen ... 114

5 Entscheidungen über Informationsbeschaffung ... 119
5.1 Entscheidungstheoretische Rahmensetzung ... 119
5.2 Ermittlung des Informationswerts ... 121
5.3 Übungen und Kontrollfragen ... 131

6 Antworten und Lösungshinweise ... 133

Literaturverzeichnis ... 141
Stichwortverzeichnis ... 143

1 Einführung und Grundbegriffe

Lernziele Kapitel 1
Nach dem Durcharbeiten des 1. Kapitels sollte der Leser in der Lage sein, • die Zielsetzung und die prinzipielle Vorgehensweise der normativen Entscheidungstheorie zu charakterisieren, • die terminologischen Grundlagen sicher anzuwenden, und daraus das Grundmodell der Entscheidungstheorie abzuleiten, • Entscheidungssituationen entsprechend dem vorhandenen Informationsstand des Entscheidungsträgers einzuordnen und abzugrenzen, • Präferenzvorstellungen von Entscheidungsträgern zu benennen, und grundsätzliche Ansätze zu erläutern, wie diese im Modell berücksichtigt werden können, • Sinn und Zweck von Entscheidungsregeln zu erörtern.

1.1 Grundzüge entscheidungstheoretischer Fragestellungen

Aufgrund der unterschiedlichen Forschungsrichtungen innerhalb der Entscheidungstheorie ist es erforderlich, zunächst die einzelnen Ansatzpunkte zu systematisieren und Abgrenzungen für die Behandlung in diesem Buch vorzunehmen.

> Unter Entscheidung versteht man allgemein die Wahl einer von zwei oder mehreren Handlungsalternativen, die einem Entscheidungsträger zur Realisierung seiner Ziele zur Verfügung stehen.

Die Entscheidungstheorie befasst sich systematisch mit dem Treffen solcher Entscheidungen zur Lösung von Entscheidungsproblemen. Entsprechend der zugrunde liegenden Fragestellung entscheidungstheoretischer Untersuchungen lassen sich zwei Hauptrichtungen unterscheiden (vgl. Bamberg/Coenenberg 2006, S. 1-12):

1. Die **normative** Entscheidungstheorie geht von einem rationalen Handeln des Entscheidungsträgers aus und will durch die Entwicklung von Entscheidungsregeln dabei helfen, rationale Entscheidungen zu treffen. Eine Entscheidung erscheint dieser

Sichtweise zufolge dann als rational, wenn diejenige Handlungsalternative gewählt wird, die unter den gegebenen Bedingungen zur größten Zielerreichung führt. Diese Richtung der Entscheidungstheorie wird als normativ bezeichnet, da sie Richtlinien vorgibt, wie sich ein Entscheidungsträger in einer bestimmten Entscheidungssituation verhalten soll.

2. Die **deskriptive** Entscheidungstheorie versucht, das Zustandekommen von Entscheidungen in der Realität aufzuzeigen. Hierbei spielt es keine Rolle, ob ein Entscheidungsträger tatsächlich rational handelt oder ob er (mangels klarer Zielvorstellungen) emotional entscheidet. Ziel dieser Forschungsrichtung ist es vielmehr, reales Entscheidungsverhalten zu analysieren und mit Hilfe empirisch gehaltvoller Hypothesen zu erklären. Dadurch weist dieser Forschungsansatz enge Bezüge zur Psychologie, Soziologie und zur Organisationstheorie auf.

Die Grundlage dieses Buches bildet die normative Entscheidungstheorie (zu einer kompakten Darstellung der deskriptiven Ausrichtung der Entscheidungstheorie vgl. Schneider 2004, S. 90 ff.). Die Entscheidung wird dementsprechend unter dem Rationalitätspostulat analysiert, d.h. es wird nicht dargestellt, wie Entscheidungen in der Realität *tatsächlich* gefällt werden, sondern wie rational handelnde Entscheidungsträger entscheiden **sollen.**

Bei der Behandlung von Entscheidungsproblemen gehen wir im Folgenden davon aus, dass keine wertenden Aussagen über zu verfolgende Zielsetzungen getroffen werden. Der Entscheidungsträger kann inhaltlich über die Wahl des konkret verfolgten Zieles entscheiden, ohne dass die Zweckmäßigkeit bestimmter Ziele bewertet bzw. Ziele in Frage gestellt werden. Eine Entscheidungstheorie, die diesem Standpunkt folgt, wird auch als **praktisch-normative** Entscheidungstheorie bezeichnet.

1.2 Das Grundmodell der normativen Entscheidungstheorie

Entscheidungsprobleme können im Einzelnen sehr unterschiedlich erscheinen. Das Problem, für welchen Studienschwerpunkt sich ein Student nach Abschluss des Grundstudiums entscheiden soll, hat offensichtlich wenig mit der Entscheidung darüber gemeinsam, ob man Kaffee, Tee oder ein Schokogetränk für das morgendliche Frühstück wählen soll. Dennoch lassen sich Entscheidungsprobleme und damit auch Entscheidungsmodelle (als formale Darstellung eines Entscheidungsproblems) auf eine gemeinsame Struktur zurückführen, da ganz bestimmte Grundelemente existieren, durch die sich prinzipiell jede Entscheidungssituation modellieren lässt (vgl. Laux 2003, S. 19-23).

Jedes Entscheidungsmodell wird determiniert durch Aussagen darüber

- was der Entscheidungsträger tun kann (Handlungsalternativen), was passieren kann (mögliche Umweltzustände) und welche Konsequenzen (zugeordnete Ergebnisse) damit jeweils verbunden sind. Zusammengefasst bilden diese drei Komponenten das *Entscheidungsfeld* eines Entscheidungsmodells.
- welche Zielvorstellungen der Entscheidungsträger verfolgt und welche Ergebnisse hinsichtlich der Zielerfüllung angestrebt bzw. unerwünscht sind. Hierdurch entsteht das *Zielsystem* als zweite Hauptkomponente eines Entscheidungsmodells.

Der prinzipielle Aufbau eines Entscheidungsmodells lässt sich folglich durch die - noch näher zu beschreibenden - Komponenten *Entscheidungsfeld* und *Zielsystem* beschreiben. Allerdings kann die formale Darstellung dieser Elemente durchaus unterschiedlich ausfallen. In diesem Buch steht die Explikation des *Grundmodells der Entscheidungstheorie* im Vordergrund, das mit Hilfe einer so genannten *Ergebnis- bzw. Entscheidungsmatrix* einen einheitlichen und sehr übersichtlichen Darstellungsrahmen zur Strukturierung komplexer Entscheidungsprobleme liefert. Das Grundmodell trägt daher zu einer einfachen Verständigung über Entscheidungsprobleme und deren Lösungsansätze bei. Im Folgenden wird nun nach einer Überblicksdarstellung die Struktur des Grundmodells sukzessive entwickelt.

Abweichend von diesem Grundmodell wird in Kapitel 2.2 dargestellt, dass es für Entscheidungsprobleme mit bestimmten Strukturen zweckmäßig sein kann, auf alternative Modelltypen (mathematische Entscheidungsmodelle) zurückzugreifen.

Im Grundmodell der Entscheidungstheorie lassen sich prinzipiell alle Entscheidungsprobleme mit endlicher Zahl von Handlungsalternativen und möglichen Zuständen abbilden. Abbildung 1.1 zeigt, in welcher Weise hierbei die einzelnen Bausteine einer Entscheidungssituation dargestellt werden.

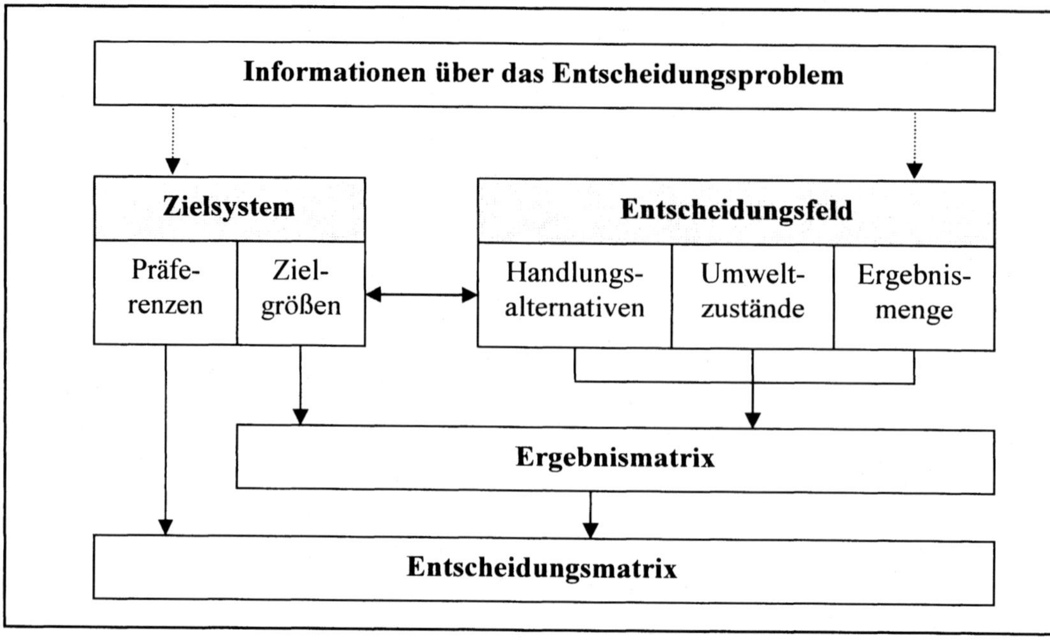

Abb. 1.1: Das Grundmodell der Entscheidungstheorie (nach Sieben/Schildbach 1994, S. 16)

1.2.1 Entscheidungsfeld und Ergebnismatrix

Das Entscheidungsfeld setzt sich zusammen aus

- den zur Verfügung stehenden *Handlungsalternativen* (1),
- den möglichen *Umweltzuständen* (2),
- der *Ergebnismenge* (3).

Die Verteilungen der mit den Handlungsalternativen verbundenen Ergebniswerte über alle Umweltzustände werden im Grundmodell der Entscheidungstheorie in der so genannten *Ergebnismatrix* abgebildet. Die erforderlichen formalen Darstellungen zu den einzelnen Komponenten des Grundmodells der Entscheidungstheorie werden im Folgenden durch ein einführendes Beispiel begleitet, mit dessen Hilfe die wesentlichen Zusammenhänge konkretisiert und schrittweise vermittelt werden (Beispiel modifiziert und weiterentwickelt nach Schildbach 1999, S. 73 ff.).

(1) Handlungsalternativen
Damit von einem Entscheidungsproblem gesprochen werden kann, müssen mindestens zwei Handlungsalternativen (Aktionen) vorliegen. Die Gesamtheit der Handlungsmöglichkeiten, die dem Entscheidungsträger zur Verfügung stehen, wird als Aktionenraum A bezeichnet. Er definiert den Teil des Entscheidungsfeldes, der durch den Entscheidungsträger beeinflusst werden kann. Grundsätzlich kann im Aktionenraum auch die Unterlassungsalternative, also die Entscheidung „nichts zu tun“, berücksichtigt werden. Der Aktionenraum ist ferner so zu formulieren, dass damit alle Alternativen des Entscheidungsträgers ausgeschöpft werden, aber nur eine einzige hiervon gleichzeitig realisiert werden kann.

Fallstudie (Teil I)
Heinz K. überlegt, wie er sich an dem diesjährigen Stadtfest aktiv beteiligen kann, um die Familienkasse aufzubessern. Hierbei zieht er in Erwägung, entweder einen Stand für Speisen oder einen Stand für Getränke einzurichten. Speisen und Getränke an einem Stand gleichzeitig anzubieten, ist hingegen unüblich. Aufgrund des hohen Arbeitsaufwandes, der mit der Bewirtung verbunden ist, überlegt Heinz K. außerdem, ob er eine Zusatzkraft einstellen soll.

Hieraus ergeben sich, sofern die Betätigung selbst unumstritten ist, folgende Aktionen a_i:

a_1 Stand mit Getränken einrichten und Zusatzkraft einstellen
a_2 Stand mit Speisen einrichten und Zusatzkraft einstellen
a_3 Stand mit Getränken einrichten, keine Zusatzkraft einstellen
a_4 Stand mit Speisen einrichten, keine Zusatzkraft einstellen

(2) Umweltzustände
Ein Ergebnis wird nicht allein durch die gewählte Handlungsalternative bestimmt, sondern unterliegt auch Bedingungen, die sich aus der Umwelt ergeben und damit keine Entscheidungsvariablen des Entscheidungsträgers darstellen. Beispiele hierfür sind Konjunkturentwicklungen, das Verhalten der Konkurrenz oder gesetzliche Vorschriften. In der Entscheidungstheorie werden derartige Einflussgrößen als Umweltzustände und die Menge aller möglichen Umweltzustände als Zustandsraum S bezeichnet. Dieser spiegelt den Teil des Entscheidungsfeldes wider, der durch den Entscheidungsträger nicht beeinflusst werden kann. Der Zustandsraum muss genau wie der Aktionenraum so formuliert werden, dass alle für die zu treffende Entscheidung relevanten Umweltzustände enthalten sind und dass sie sich gegenseitig ausschließen.

Fallstudie (Teil II):
In Fortführung des Stadtfestbeispiels können die allgemeine Konsumfreudigkeit der Besucher und das Wetter relevante Umweltzustände darstellen, die wesentlichen Einfluss auf den Verkauf von Speisen und Getränken - und damit auf den realisierbaren Umsatz - ausüben. Heinz K. geht davon aus, dass bei gutem Wetter eine stärkere Nachfrage nach Getränken bestehen wird, bei schlechtem Wetter Speisen bevorzugt werden. Damit ergeben sich folgende Umweltzustände s_i:

s_1 hohe Konsumfreudigkeit und gutes Wetter
s_2 hohe Konsumfreudigkeit und schlechtes Wetter
s_3 geringe Konsumfreudigkeit und gutes Wetter
s_4 geringe Konsumfreudigkeit und schlechtes Wetter

Bislang ist noch unberücksichtigt, welche Erwartungsstruktur des Entscheidungsträgers hinsichtlich des Eintretens der möglichen Umweltzustände besteht. Diese lässt sich dahingehend präzisieren, ob dem Entscheidungsträger der zukünftig eintretende Umweltzustand bekannt ist oder ob diesbezüglich Unsicherheit vorliegt.

Die möglichen Erwartungsstrukturen über die Umweltzustände, die der Entscheidungsträger aufgrund seines Informationsstandes haben kann, zeigt Abbildung 1.2.

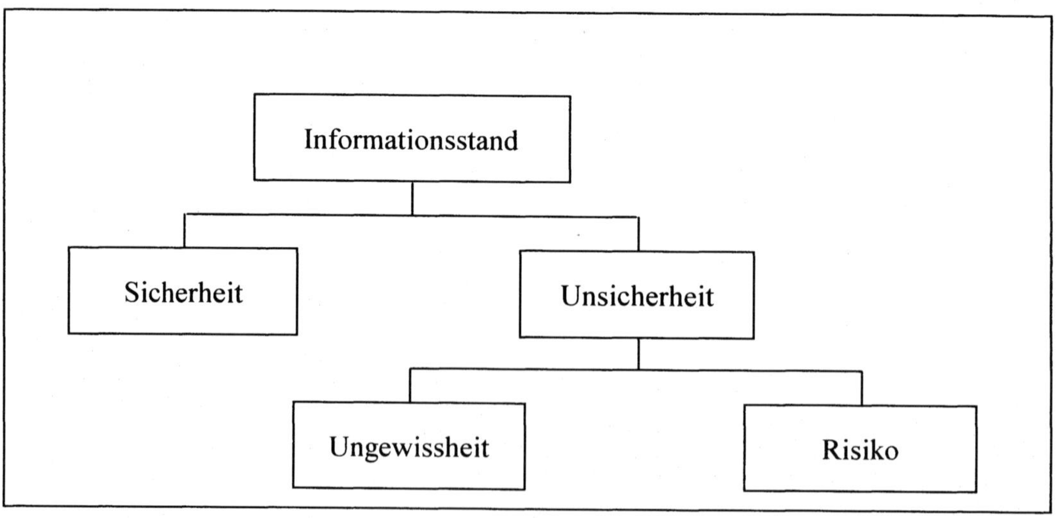

Abb. 1.2: Bekanntheitsgrade über die Umweltzustände (vgl. ähnlich Laux 2003, S. 23)

Ist der eintretende Umweltzustand dem Entscheidungsträger bekannt, kann er jeder Handlungsalternative ein eindeutiges Ergebnis zuordnen. Es handelt sich um eine Entscheidungssituation bei *Sicherheit*. In praktischen Entscheidungssituationen besteht aber in vielen Fällen Unsicherheit darüber, welches Ergebnis tatsächlich mit welcher Handlungsalternative realisiert werden kann. Dies liegt daran, dass der zukünftig eintretende Umweltzustand zum Entscheidungszeitpunkt nicht bekannt ist. Entscheidungen, die unter Unsicherheit gefällt werden, lassen sich weiter differenzieren in „Risiko" und „Ungewissheit".

Entscheidungen bei *Risiko* sind dadurch gekennzeichnet, dass zwar der eintretende Umweltzustand unbekannt ist, der Entscheidungsträger aber den möglichen Umweltzuständen Wahrscheinlichkeiten zuordnen kann. Bei Entscheidungen unter *Ungewissheit* ist hingegen lediglich bekannt, welche Zustände überhaupt eintreten können. Der Entscheidungsträger ist nicht in der Lage, auf Wahrscheinlichkeitsinformationen über deren Eintritt zurückzugreifen.

Im folgenden wird diese Unterteilung zur Systematisierung von Entscheidungssituationen zugrunde gelegt.

In den einzelnen Kapiteln werden daher

- Entscheidungen bei Sicherheit (Kap. 2),
- Entscheidungen bei Ungewissheit (Kap. 3) und
- Entscheidungen bei Risiko (Kap. 4)

präzisiert und Regeln zur Lösung der jeweiligen Entscheidungsprobleme vorgestellt.

Eine Variante von Risikoentscheidungen ergibt sich, wenn die Beschaffung von Informationen als Entscheidungsproblem thematisiert wird. Aufgrund ihrer besonderen Struktur werden derartiger Entscheidungssituationen separat behandelt (Kap. 5).

(3) Ergebnismenge und Ergebnismatrix

Die Ergebnismenge (Handlungskonsequenzen, Aktionsresultate) erhält man, indem jeder Kombination aus Aktion (a_i) und Umweltzustand (s_i) das entsprechende Ergebnis (e_{ij}) zugeordnet wird. Diese Zuordnung wird als *Ergebnisfunktion* f (a_i, s_j) bezeichnet und lässt sich anschaulich in Form einer *Ergebnismatrix* darstellen (vgl. Bamberg/Coenenberg 2006, S. 23f.). Im Falle einer Risikosituation können in diese allgemeine Struktur zusätzlich die Eintrittswahrscheinlichkeiten (p_j) der Umweltzustände aufgeführt werden (siehe Klammerdarstellung in Tabelle 1.1).

Aktionen \ Umweltzustände	s_1 (p_1)	s_2 (p_2)	… …	s_n (p_n)
a_1	e_{11}	e_{12}	…	e_{1n}
a_2	e_{21}	e_{22}	…	e_{2n}
…	…	…	…	…
a_m	e_{m1}	e_{m2}	…	e_{mn}

Tabelle 1.1: Ergebnismatrix (mit Wahrscheinlichkeiten)

In Entscheidungssituationen, in denen mehrere Ergebnisarten relevant sind, stehen in der Ergebnismatrix nicht nur einfache Zahlen, sondern hinter jedem Element der Ergebnismatrix e_{ij} verbirgt sich selbst wiederum - entsprechend der Anzahl der Ergebnisarten - ein Zahlenvektor.

Fallstudie (Teil III)

In unserem Stadtfestbeispiel unterstellen wir, Heinz K. strebt als einzige Zielgröße den Gewinn an, den er zu maximieren sucht. Für die Aufstellung der Ergebnismatrix ist zunächst die Ergebnisfunktion zu bestimmen. Ausgangspunkt hierbei sei folgende geschätzte monetäre Nachfrage:

	Konsumfreudigkeit			
	hoch und Wetter		niedrig und Wetter	
	gut	schlecht	gut	schlecht
Nachfrage Getränke	20.000	12.000	14.000	8.000
Nachfrage Speisen	12.000	20.000	8.000	14.000

Wird eine Zusatzkraft beschäftigt, kann die Nachfrage vollständig befriedigt werden. Ohne Zusatzkraft können nur maximal 12.000 € zu Umsatz werden. Weiterhin sei angenommen, dass je EURO Umsatz variable Ausgaben in Höhe von 0,50 Euro zu erwarten sind. An fixen Ausgaben für Platzmiete und Verkaufsstand fallen 3.000 €, für die Zusatzkraft 1.500 EURO an.

Damit kann die Ergebnisfunktion wie folgt formuliert werden:

$$e_{ij} = Umsatz\ (a_i, s_j) \cdot (1-0{,}5) - 3.000 - c(a_i) \cdot 1.500$$

$$mit \quad c(a_i) = \begin{cases} 1\ für\ i = 1, 2 \\ 0\ für\ i = 3, 4 \end{cases}$$

Für die Darstellung der Ergebnismatrix sei zudem eine Risikosituation unterstellt, wobei folgende Wahrscheinlichkeiten für den Eintritt der möglichen Umweltzustände angenommen werden: $p_1 = 0{,}35$; $p_2 = 0{,}15$; $p_3 = 0{,}35$; $p_4 = 0{,}15$ (für die Entscheidungsfindung sind die Wahrscheinlichkeiten allerdings momentan noch nicht relevant).

Für das Stadtfestbeispiel ergibt sich damit folgende Ergebnismatrix, in der die möglichen Gewinne abgebildet sind.

Umweltzustände / Aktionen	Konsumfreudigkeit			
	hoch und Wetter		niedrig und Wetter	
	gut	schlecht	gut	schlecht
	s_1	s_2	s_3	s_4
	$p_1 = 0{,}35$	$p_2 = 0{,}15$	$p_3 = 0{,}35$	$p_4 = 0{,}15$
Getränkestand mit Zusatzkraft (= a_1)	5.500	1.500	2.500	-500
Speisenstand mit Zusatzkraft (= a_2)	1.500	5.500	-500	2.500
Getränkestand ohne Zusatzkraft (= a_3)	3.000	3.000	3.000	1.000
Speisenstand ohne Zusatzkraft (=a_4)	3.000	3.000	1.000	3.000

Mit Hilfe der Ergebnismatrix werden die für die Entscheidung relevanten Bestandteile des **Entscheidungsfeldes** beschrieben. Sie ist der Ausgangspunkt für die Entscheidung. Allerdings ist ein Entscheidungsproblem im Allgemeinen mit der Aufstellung der Ergebnismatrix noch nicht gelöst.

Es fehlen noch Informationen darüber

- welche Bedeutung der Entscheidungsträger den einzelnen (unsicheren) Ergebnissen beimisst und
- wie die Handlungsalternativen als „Ergebnisbündel" zu bewerten sind, damit sie in eine Reihenfolge gebracht werden können.

Der erste Aspekt betrifft das **Zielsystem** des Entscheidungsträgers, der zweite Aspekt die Frage nach der anzuwendenden **Entscheidungsregel**. Beide Sachverhalte werden in den folgenden Abschnitten aufgegriffen.

1.2.2 Zielsystem und Entscheidungsmatrix

In dem angeführten Beispiel wurde als bekannt vorausgesetzt, dass der Entscheidungsträger das (alleinige) Ziel der Gewinnmaximierung verfolgt. Da nur eine Zielgröße verfolgt wird, und der Zielerreichungsgrad mit zunehmender Ergebnishöhe steigt, können die einzelnen Ergebnisse prinzipiell aufgrund ihrer Höhe in eine Reihenfolge gebracht werden. Dennoch kann noch keine optimale Handlungsalternative direkt aus der Ergebnismatrix abgeleitet werden. Es muss zusätzlich bekannt sein, wie der Entscheidungsträger den unsicheren Eintritt der Ergebnisse bewertet. Erst hierdurch werden die einzelnen Handlungskonsequenzen vergleichbar und lassen sich - eine entsprechende Verfahrensvorschrift vorausgesetzt - zu einem für die Entscheidung maßgeblichen Gesamtergebnis je Aktion verdichten. In praktischen Entscheidungssituationen werden zudem häufig mehrere Ziele (z.B. Gewinn, Umsatz, Prestige, Umweltschutz) zugleich verfolgt, deren jeweiliger Erfüllung eine unterschiedliche Bedeutung beigemessen werden kann. In diesen Fällen stehen ebenfalls, wie folgende einfache Überlegung zeigt, die Ergebnisse der Ergebnismatrix zunächst unvergleichbar nebeneinander:

Angenommen im dargestellten Beispiel verfolgt unser Entscheidungsträger neben dem Gewinnziel weitere Ziele (z.B. Minimierung der Arbeitszeit, Umsatzziele), dann ist eine direkte Bewertung auf Basis der Ergebnismatrix nicht möglich. Es liegt in diesem Fall entsprechend der Anzahl verfolgter Ziele eine Reihe von Ergebnissen vor, die erst auf einen gemeinsamen Nenner gebracht werden müssen, bevor eine Rangfolge der Aktionen gebildet werden kann. Ähnliches gilt für den Fall, dass die Ergebnisse zeitlich verteilt anfallen.

Als Resultat dieser Ausführungen ergibt sich, dass ein rational handelnder Entscheidungsträger, der diejenige Handlungsalternative wählen möchte, die seine subjektiven Zielvorstellungen am besten erfüllt, präzise Vorstellungen darüber haben muss, welche Ergebnisse (Zielgrößen) mit welcher Intensität (Präferenz) für ihn überhaupt von Bedeutung sind. Ein Entscheidungsproblem ist somit erst vollständig beschrieben, wenn neben den Entscheidungsfeldinformationen die für die Problemstellung relevanten Wertvorstellungen des Entscheidungsträgers bekannt und in einem **Zielsystem** spezifiziert sind (vgl. bamberg/Coenenberg 2006, S. 28 ff.).

Das **Zielsystem** enthält einerseits die verfolgten **Zielgrößen** des Entscheidungsträgers. Zum anderen werden im Zielsystem die **Präferenzen** des Entscheiders formuliert, in denen die relative Vorziehenswürdigkeit einzelner Ergebnisse zum Ausdruck kommt.

Zielgrößen lassen sich nach unterschiedlichen Gesichtspunkten unterteilen. Eine wesentliche Unterteilung ergibt sich z.B. aus der Skala, auf der die Zielgröße gemessen wird. Hierbei kann zwischen monetären und nicht-monetären Zielgrößen unterschieden werden. Gewinn, Umsatz und Kosten sind Beispiele für monetäre, während Absatzmenge, Marktanteil, Image und Kundenzufriedenheit Beispiele für nicht-monetäre Zielgrößen darstellen.

Die Angabe von **Präferenzen** im Zielsystem ist erforderlich, da durch die alleinige Zielgrößenfestlegung (Zielinhalt) noch keine Auswahl der besten Handlungsalternative möglich ist. Die Ergebnisse der Ergebnismatrix sind solange nicht vergleichbar, bis eine Aussage darüber formuliert ist, wie vorhandene Wertunterschiede bei einzelnen Ergebnissen zu beurteilen sind. Die Wertunterschiede können sich - wie bereits oben angedeutet - auf die Ergebnishöhe, die Ergebnisart sowie auf den zeitlichen Bezug und die Sicherheit der Ergebnisse beziehen.

Je nach vorliegender Entscheidungssituation können folgende Präferenzarten relevant sein (vgl. Sieben/Schildbach 1994, S. 25 ff.).

- **Höhenpräferenz**: Verschiedene Handlungsalternativen können in unterschiedlichem Ausmaß zu zielrelevanten Ergebnissen führen. Die Höhenpräferenz drückt die relative Vorteilhaftigkeit aus, die Ergebnisse für den Entscheidungsträger aufgrund ihrer Höhe besitzen. Die Höhenpräferenz des Entscheidungsträgers kann beispielsweise so ausgeprägt sein, dass jedes höhere bzw. niedrigere Ergebnis jedem niedrigeren bzw. höheren vorgezogen wird (Maximierungsziel bzw. Minimierungsziel). Daneben kann z.B. auch eine anspruchsniveaubezogene Ergebnisbewertung angestrebt werden, wonach Ergebnisse erst ab einer bestimmten Höhe als zufrieden stellend gelten.

- **Artenpräferenz**: Werden mehrere Zielsetzungen gleichzeitig verfolgt, die zumindest teilweise in konkurrierender Beziehung zueinander stehen, ist eine Vorgabe erforderlich, die die Vorziehenswürdigkeit unterschiedlicher Ergebnisarten formuliert. Angenommen es werden von einem Unternehmen Gewinn- und Umsatzziele gleichzeitig verfolgt, kann die Artenpräferenz beispielsweise durch eine unterschiedliche Gewichtung der Ergebnisse zum Ausdruck bringen, dass das Gewinnziel als vorrangiges Ziel angestrebt wird.
- **Unsicherheits- bzw. Risikopräferenz:** Diese Präferenzart beschreibt die relative Vorziehenswürdigkeit von Ergebnissen in Entscheidungssituationen, bei denen nicht davon ausgegangen werden kann, dass die Ergebnisse mit Sicherheit eintreten. Liegt eine Entscheidungssituation bei Unsicherheit bzw. Risiko vor, spricht man von Unsicherheits- bzw. Risikopräferenz.
- **Zeitpräferenz**: Die Zeitpräferenz bezieht sich auf die Vorziehenswürdigkeit von Ergebnissen, die zu verschiedenen Zeitpunkten anfallen. Eine mögliche Vorgehensweise, um Handlungsalternativen mit zeitlich verteilten Ergebnissen bewerten zu können, besteht in deren Diskontierung auf einen gemeinsamen Bezugspunkt. Ausgangspunkt dieser Überlegung ist, dass zukünftige und gegenwärtige Ergebnisse unterschiedlich hoch bewertet werden.

In den Präferenzen kommen die **Nutzenvorstellungen** des Entscheidungsträgers zum Ausdruck, die er mit den einzelnen Ergebnisausprägungen verbindet.

> Präferenzen drücken den subjektiven Nutzen aus, den der Entscheidungsträger mit der jeweiligen Ergebnisrealisation verbindet. Der Nutzen repräsentiert hierbei eine abstrakte Größe, die den Grad der Bedürfnisbefriedigung erfasst. Man geht daher in der normativen Entscheidungstheorie üblicher Weise von einem Entscheidungsträger aus, der sich für diejenige Aktion entscheidet, die seinen **Nutzen** maximiert.

Die Berücksichtigung der Präferenzen des Entscheidungsträgers kann auf unterschiedlichem Weg erfolgen. Ein wesentlicher Unterschied besteht darin, ob sich so genannte Nutzenfunktionen (Fall 1) ermitteln lassen, die die Präferenzen explizit und vollständig abbilden, oder ob diese implizit und über die Wahl einer „speziellen" Entscheidungsregel (Fall 2) ausgedrückt werden.

Fall (1): Mit Methoden zur Ermittlung von Nutzenfunktionen beschäftigt sich die Nutzentheorie. Es wird davon ausgegangen, dass sich die subjektive Einstellung des

Entscheidungsträgers bezüglich der verschiedenen Präferenzarten mit Hilfe von Nutzenfunktionen mathematisch abbilden lassen. Hierdurch kann jedem einzelnen Ergebnis (e_{ij}) der Ergebnismatrix der entsprechende Nutzenwert (u_{ij}) zugeordnet werden.

Formal lässt sich dieser Transformationsprozess wie folgt darstellen:

$$\begin{array}{ccc} Ergebnisse & \xrightarrow{Bewertung} & Nutzenfunktion \\ e_{ij} & \xrightarrow{f} & u_{ij} = f(e_{ij}) \end{array}$$

> Durch Nutzenfunktionen werden die Präferenzen des Entscheidungsträgers mathematisch abgebildet, indem jedem Ergebnis e eine reelle Zahl zugeordnet wird, die dessen Nutzenwert - kurz: Nutzen - u (e) angibt.

Als Ergebnis dieses Bewertungsvorganges erhält man in Analogie zur Ergebnismatrix die **Entscheidungsmatrix,** in der nicht mehr Ergebniswerte, sondern Nutzenwerte ausgewiesen sind (sie bildet die eigentlichen *entscheidungs*relevanten Daten ab; vgl. Tabelle 1.2).

Umweltzustände / Aktionen	s_1 (p_1)	s_2 (p_2)	… …	s_n (p_n)
a_1	u_{11}	u_{12}	…	u_{1n}
a_2	u_{21}	u_{22}	…	u_{2n}
…	…	…	…	…
a_m	u_{m1}	u_{m2}	…	u_{mn}

Tabelle 1.2: Entscheidungsmatrix (mit Wahrscheinlichkeiten)

Allerdings ist darauf hinzuweisen, dass die unterstellte Abbildung der Präferenzen über Nutzenfunktionen eines der Kernprobleme der Entscheidungstheorie darstellt. Es wurde hierzu in der Theorie eine Reihe von Axiomen entwickelt, die erfüllt sein müssen, damit entsprechende Nutzengrößen zugeordnet werden können (vgl. Laux 2003, S. 31-34; vgl. Bamberg/Coenenberg 2006, S. 33-37; zur Messproblematik des Nutzens vgl. Pfohl/Braun 1981 S. 238-245). Die Ermittlung einer „exakten" Nutzenfunktion stellt zudem erhebliche zeitliche und kognitive Anforderungen an den Entscheidungsträger, die in praktischen Entscheidungssituationen - allein schon aufgrund des damit verbundenen Planungsaufwandes - oft nicht erfüllt sind. Daher geht man in Theorie und Praxis häufig von vereinfachenden Annahmen hinsichtlich der Nutzenvorstellungen des Entscheidungsträgers aus (vgl. z.B. Klein/Scholl 2004, S. 97 f.). So wird beispielsweise in zahlreichen betriebswirtschaftlichen Anwendungsfällen

- von Extremierungszielen ausgegangen; wodurch der Nutzen - z.B. im Maximierungsfall - mit wachsender Ergebnishöhe ebenfalls (streng monoton) steigt,
- davon ausgegangen, dass sich die Präferenzvorstellung des Entscheiders bezüglich unterschiedlicher Ergebnishöhen durch eine (lineare) Nutzenfunktion mit $u(e) = e_{ij}$ ausdrücken lässt.

Fall (2): Aufgrund der Probleme bei der Bestimmung von Nutzenfunktionen wurden in der Entscheidungstheorie zahlreiche Methoden und Modelle entwickelt, die zur Lösung von Entscheidungsproblemen auf die **explizite** Ermittlung der Präferenzen (mit Hilfe einer Nutzenfunktion) verzichten. Stattdessen werden die Präferenzen bzw. Nutzenvorstellungen durch die Wahl einer „passenden" Entscheidungsregel nur indirekt und in stark heuristischer Weise berücksichtigt. Hierbei ist es i.d.R. möglich, eine Bewertung der Handlungsalternativen unmittelbar auf Basis der Ergebnisse (der Ergebnismatrix) vorzunehmen.

Im Folgenden werden beide Vorgehensweisen behandelt, wobei der Schwerpunkt auf spezifische Verfahren gelegt wird, die ohne eine Erstellung exakter Nutzenfunktionen auskommen. Der Rückgriff auf Nutzenfunktionen erfolgt zum einen im Zusammenhang mit *additiven* Nutzenmodellen. Hierbei wird zunächst vom einfachen Fall linearer Nutzenfunktionen zur Abbildung der Höhenpräferenz ausgegangen. Anschließend wird ein Verfahren zur Abbildung komplexerer Nutzenfunktionen behandelt. Zum anderen wird auf Basis des Bernoulli-Prinzips der Stellenwert von Nutzenfunktionen in Risikosituationen erarbeitet. Auch hier erfolgt zunächst eine Vorstellung der prinzipiellen Vorgehensweise, bevor eine Methode zur Ermittlung „realer" Nutzenfunktionen vorgestellt wird.

Abbildung 1.3 gibt einen Überblick über mögliche Wege zur Lösung von Entscheidungsproblemen, und an welcher Stelle sie in diesem Buch behandelt werden.

Entscheidung bei	Nutzenfunktion	Spezifische Verfahren
Sicherheit (ein Ziel)	-	Lineare Optimierung (Kap 2.2)
Sicherheit (mehrere Ziele)	Additives Nutzenmodell (Kap. 2.3.1)	Zielgewichtung, Lexikographische Ordnung, „Körth"-Regel, Goal-Programming (Kap. 2.3.2)
Ungewissheit	-	Maximin-, Maximax-, Hurwicz, Laplace-, Savage-Niehans-Regel (Kap. 3.2)
Risiko	Erwartungsnutzen-Theorie (Kap. 4.4)	μ-Prinzip, (μ, σ)-Regel (Kap. 4.2/4.3) Theorem von Bayes (Kap. 5.2)

Abb. 1.3: Kapitelübersicht Entscheidungsmodelle

1.3 Grundstruktur von Entscheidungsregeln

Im Folgenden wird präzisiert, was unter einer Entscheidungsregel zu verstehen ist. Hierzu kommen wir noch einmal auf das einführende Stadtfestproblem zurück. Bezogen auf die zuvor diskutierten Präferenzarten wurde hierbei angenommen, dass der

- Entscheidungsträger den Gewinn als einzige Ergebnisart verfolgt (Artenpräferenz),
- Entscheidungsträger den Gewinn maximieren möchte (Höhenpräferenz).

Eine Rangfolge der Alternativen kann anhand dieser Angaben aber noch nicht erstellt werden. Es handelt sich um eine Entscheidung bei Risiko, so dass zusätzliche Informationen bzgl. der Risikopräferenz des Entscheiders erforderlich sind.

Fallstudie (Teil IV):
In Fortführung des Stadtfestbeispiels nehmen wir vereinfachend an, dass Heinz K. in seinem Entscheidungskalkül das mit der Wahl einer bestimmten Alternativen eingegangene „Risiko" (unterschiedliche Gewinnhöhen und sogar der mögliche Verlust) nicht explizit berücksichtigt. Vielmehr möchte sich Heinz K. für die Alternative entscheiden, die das höchste durchschnittliche Ergebnisniveau aufweist. Da die mögliche Ergebnisstreuung

bei der Alternativenbewertung keine Rolle spielt, liegt es nahe als Beurteilungsgröße den aus der Statistik bekannten mathematischen Erwartungswert einer Wahrscheinlichkeitsverteilung heranzuziehen (dieser Aspekt wird in Kapitel 4.2 vertieft). Zur Ermittlung des (Gewinn-)Erwartungswertes müssen die Ergebnishöhen lediglich mit ihren jeweiligen Eintrittswahrscheinlichkeiten multipliziert und aufsummiert werden:

$$a_1: \quad 5.500 \cdot 0{,}35 + 1.500 \cdot 0{,}15 + 2.500 \cdot 0{,}35 - 500 \cdot 0{,}15 \quad = 2.950$$

$$a_2: \quad 1.500 \cdot 0{,}35 + 5.500 \cdot 0{,}15 - 500 \cdot 0{,}35 + 2.500 \cdot 0{,}15 \quad = 1.550$$

$$a_3: \quad 3.000 \cdot 0{,}35 + 3.000 \cdot 0{,}15 + 3.000 \cdot 0{,}35 + 1.000 \cdot 0{,}15 = 2.700$$

$$a_4: \quad 3.000 \cdot 0{,}35 + 3.000 \cdot 0{,}15 + 1.000 \cdot 0{,}35 + 3.000 \cdot 0{,}15 = 2.300$$

Aufgrund der Annahme, dass ein Entscheidungsträger seinen Nutzen (hier ausgedrückt in Geldeinheiten) maximieren möchte, ist im Beispiel die Aktion a_1 „Getränkestand mit Zusatzkraft“, optimal.

Im Hinblick auf die Lösung von Entscheidungsproblem können aus dem „Stadtfestbeispiel“ folgende allgemeine Sachverhalte abgeleitet werden:

(a) Zur Bewertung der Aktionen ist es erforderlich, die einzelnen Handlungskonsequenzen zu einer Beurteilungsgröße (eine reelle Zahl!) zu verdichten. Die Ermittlung der Beurteilungsgrößen erfolgt auf Basis einer Funktion, die angibt, wie die einzelnen Zielvariablen zu verknüpfen sind (im Beispiel: Bildung des Erwartungswertes). In der Entscheidungstheorie werden diese Beurteilungsgrößen, die die Vorziehenswürdigkeit von Aktionen ausdrücken, als **Präferenzwerte Φ(a)** - Phi - und die Funktion, die jeder Aktion einen eindeutigen Präferenzwert zuordnet, als **Präferenzfunktion Φ** - z.T. auch als Zielfunktion - bezeichnet (vgl. Bitz 1981, S. 31-33).

    Im Stadtfestbeispiel lautet die Präferenzfunktion, die den einzelnen Handlungsalternativen eindeutige Präferenzwerte zuordnet:

    $$\Phi(a_i) = \sum_{j=1}^{n} p_j \cdot e_{ij}$$ wobei n die Anzahl der Zustände darstellt

    (Im Beispiel gilt $\Phi(a_1) = 2.950$; $\Phi(a_2) = 1.550$; $\Phi(a_3) = 2.700$; und $\Phi(a_4) = 2.300$)

(b) Zur Entscheidung sind die einzelnen Handlungsalternativen anhand ihrer Präferenzwerte in eine Reihenfolge zu bringen. Hierzu müssen für je zwei Alternativen a_i, $a_k \in A$ folgende Relationen gelten:

$\Phi(a_k) \geq \Phi(a_i) \quad \Leftrightarrow \quad a_k \succ a_i$;
a_k wird vom Entscheider höher eingeschätzt als a_i

$\Phi(a_k) = \Phi(a_i) \quad \Leftrightarrow \quad a_k \sim a_i$;
a_k wird ebenso hoch eingeschätzt wie a_i

(c) Liegt das anzuwendende Optimierungskriterium vor, kann die optimale Wahl erfolgen. Häufig geht man in der Entscheidungstheorie von der Maximierung des Präferenzwertes - also einer zu maximierenden Präferenzfunktion - aus. Im Beispiel lautet damit die Zielfunktion:

$$\Phi(a_i) = \sum_{j=1}^{n} p_j \cdot e_{ij} \rightarrow Max!$$

Als optimale Alternative a* aus dem Aktionenraum A ergibt sich daher die Alternative mit dem höchsten Präferenzwert, d.h. für die optimale Alternative a* gilt:

$$\Phi(a^*) = \max_{a \in A} \Phi(a)$$

(Im Beispiel ist a_1 optimal mit $\Phi(a_1) = 2.950$; die Bewertungsreihenfolge der Aktionen lautet: $a_1 \succ a_3 \succ a_4 \succ a_2$)

Anmerkung: Falls die Minimierung der Zielgröße angestrebt wird, ist die Alternative mit dem kleinsten Zielgrößen- bzw. Präferenzwert optimal, d.h. die Präferenzfunktion ist zu minimieren.

Eine solche Auswahlvorschrift, die sowohl die Präferenzfunktion als auch das Optimierungskriterium fest vorgibt, wird in der Entscheidungstheorie als **Entscheidungsregel** bezeichnet (vgl. Manz/Dahmen/Hoffmann 2000, S. 12 f.).

Die Entscheidungsregel im Stadtfestbeispiel lautet: *Wähle diejenige Alternative, deren wahrscheinlichkeitsgewichtete Ergebnissumme (kurz: Erwartungswert) am größten ist!*

> Durch eine Entscheidungsregel wird sowohl die Präferenzfunktion, die den einzelnen Handlungsalternativen Präferenzwerte eindeutig zuordnet, als auch das Optimierungskriterium (Maximierung, Minimierung etc.) fest vorgegeben. Mit Hilfe von Entscheidungsregeln können Entscheidungsprobleme gelöst werden, da sie zu jeder Problemstellung die optimale Alternative eindeutig angeben.

In der Entscheidungstheorie existiert eine Vielzahl solcher Entscheidungsregeln, die sich je nach Vorliegen einer Sicherheit-, Risiko- oder Unsicherheitssituation in ihrer strukturellen Ausgestaltung unterscheiden. Sie geben zu jedem Entscheidungsproblem, letztendlich auf Basis einfacher Rechenvorschriften, die optimalen Aktionen eindeutig an.

1.4 Übungen und Kontrollfragen

K 1.1: Wodurch unterscheiden sich Ergebnismatrix und Entscheidungsmatrix!

K 1.2: Wie können die Präferenzvorstellungen der Entscheidungsträger berücksichtigt werden?

K 1.3: Beschreiben Sie, was unter einer Entscheidungsregel zu verstehen ist!

2 Entscheidungen bei Sicherheit

Lernziele Kapitel 2
Nach dem Durcharbeiten des 2. Kapitels sollten Sie in der Lage sein, • Entscheidungsprobleme bei sicheren Erwartungen über die Ergebnisse zu strukturieren und mit Hilfe adäquater Entscheidungsregeln zu lösen, • mathematische Entscheidungsmodelle zu formulieren und zu lösen, • eine Nutzenfunktion mit Hilfe der Halbierungsmethode zu ermitteln.

2.1 Grundlagen

Eine Entscheidung bei Sicherheit ist dadurch charakterisiert, dass die Umwelt nur einen vorab bekannten Zustand einnehmen kann, dem je Zielart eindeutig ein Ergebniswert zugeordnet ist.

Bei Entscheidungen unter Sicherheit ist eine tabellarische Darstellung zweckmäßig, die in der Kopfzeile der besprochenen Ergebnismatrix anstelle möglicher Umweltzustände die verfolgten Zielgröße(n) enthält. Zur Unterscheidung wird diese Matrix als **Zielgrößenmatrix** bezeichnet (sie entspricht einer Ergebnismatrix mit einem Zustand). Die Aufstellung der Zielgrößenmatrix ist immer dann erforderlich, wenn Entscheidungsprobleme bei mehreren Zielsetzungen zu lösen sind. Sie hat allgemein folgende Gestalt:

Aktion \ Ziel	z_1	z_2	...	z_k
a_1	e_1^1	e_1^2	...	e_1^k
a_2	e_2^1	e_2^2	...	e_2^k
...	...	...	...	...
a_m	e_m^1	e_m^2	...	e_m^k

Tabelle 2.1: Zielgrößenmatrix (mit k Zielgrößen)

Dabei bezeichnet e_i^h das Ergebnis (bzw. den Zielgrößenwert) bezüglich Ziel z_h bei Entscheidung für Alternative a_i (für h = 1, …, k und i = 1, …, m).

Bei einem solchen deterministischen Entscheidungsmodell, bei dem alle entscheidungsrelevanten Daten mit Sicherheit bekannt sind, handelt es sich um eine stark vereinfachte Abbildung der Realität (vgl. Kap. 5). Dennoch kommt der Annahme sicherer Erwartungen eine hohe theoretische und praktische Bedeutung zu. Aufgrund der Komplexität realer Entscheidungsprobleme ist es in Theorie und Praxis oft erforderlich, von einer vereinfachten Modellbildung auszugehen. Um beispielsweise zu einer Lösung von Investitionsentscheidungen zu kommen, wird aus Vereinfachungsgründen häufig entweder ein vollkommener Kapitalmarkt oder Sicherheit unterstellt. Die Annahme sicherer Erwartungen ermöglicht es, praxisrelevante Entscheidungsprobleme und Lösungskonzeptionen - wenngleich in vereinfachter Form - zu analysieren. Insofern ist eine Entscheidungsrechnung auf Basis vereinfachter Modelle immer noch besser, als auf eine modellanalytische Fundierung der Entscheidungen vollständig zu verzichten.

Entscheidungen bei Sicherheit werden im Folgenden danach unterteilt, ob der Entscheidungsträger nur *ein* Ziel (z.B. Gewinnmaximierung oder Kostenminimierung) oder *mehrere* Ziele zugleich verfolgt.

2.2 Entscheidungen bei einer Zielsetzung

Verfolgt der Entscheidungsträger nur ein Ziel, lässt sich ein Entscheidungsproblem bei sicheren Erwartungen über die Ergebnisse leicht lösen. Die Bewertung der Aktionen setzt lediglich die Kenntnis der Präferenzvorstellungen bezüglich der Ergebnishöhe voraus.

Für die Lösung von Entscheidungsproblemen bei Sicherheit und einer Zielsetzung ist eine (ordinale) Höhenpräferenz ausreichend, die z.B. „je höher, desto besser“ bzw. „je niedriger, desto besser“ lautet. Sie wird dann im Fall der Maximierung bzw. Minimierung der Zielgröße durch eine monoton steigende bzw. fallende Nutzenfunktion abgebildet. Da der Nutzen mit zunehmender Ergebnishöhe monoton steigt bzw. fällt, kann bei Entscheidung unter Sicherheit mit einer Zielsetzung auf die Transformation der Ergebnis- in Nutzenwerte verzichtet werden (vgl. Bamberg/Coenenberg 2006, S. 44 f.).

Bei Entscheidungen unter Sicherheit und einer Zielsetzung kann (bei den hier betrachteten Extremierungszielen) die absolute Ergebnishöhe als Maß für den Nutzen einer Alternative herangezogen werden. Die explizite Bestimmung einer Nutzenfunktion ist daher nicht erforderlich.

Die Formulierung der Präferenzfunktion bei Orientierung an nur einer Zielgröße Z ist in diesem Fall trivial: $\Phi(a_i) = z_i$

Der Präferenzwert entspricht somit dem Zielgrößenwert und die Präferenzfunktion ist je nach vorliegender Extremwertforderung zu maximieren oder zu minimieren.

Beispiel 2.1: Ist - einmal theoretisch angenommen - im Stadtfestbeispiel mit Sicherheit von hoher Konsumfreudigkeit und guten Wetter auszugehen, degeneriert die Ergebnismatrix zu einem Spaltenvektor. Die einzelnen Aktionsergebnisse sind nur noch ihrer Höhe nach zu sortieren, um die optimale Aktion (hier: a_1) herauszufinden (vgl. Tabelle 2.2 bzw. Tabelle 2.3).

Umweltzustand / Aktionen	z_1 $p_1 = 1$
Getränkestand mit Zusatzkraft (= a_1)	5.500
Speisenstand mit Zusatzkraft (= a_2)	1.500
Getränkestand ohne Zusatzkraft (= a_3)	3.000
Speisenstand ohne Zusatzkraft (=a_4)	3.000

Tabelle 2.2 Ergebnismatrix

Zielgröße / Aktionen	Z
Getränkestand mit Zusatzkraft (= a_1)	5.500
Speisenstand mit Zusatzkraft (= a_2)	1.500
Getränkestand ohne Zusatzkraft (= a_3)	3.000
Speisenstand ohne Zusatzkraft (=a_4)	3.000

Tabelle 2.3 Zielgrößenmatrix

Die bisher behandelten Entscheidungsprobleme waren durch eine endliche Anzahl von Alternativen gekennzeichnet. Wird diese Annahme aufgehoben, kann das Grundmodell der Entscheidungstheorie zwar weiterhin - z.B. durch Aufteilung in viele Einzelschritte - genutzt werden, es wird aber i.d.R. wenig praktikabel. Es ist in diesen Fällen zweckmäßig zur Formulierung und Lösung von Entscheidungsproblemen auf mathematische Programmierungsansätze zurückzugreifen (vgl. Sieben/Schildbach 1994, S. 35).

Mathematische Entscheidungsmodelle kommen bei zahlreichen betriebswirtschaftlichen Entscheidungsproblemen zum Einsatz. Im Folgenden wird ein Anwendungsbeispiel aus dem Bereich der linearen Programmierung betrachtet. In solchen mathematischen Entscheidungsmodellen werden das Entscheidungsfeld bzw. die Handlungsalternativen nicht explizit - wie in der Ergebnismatrix des Grundmodells - abgebildet, sondern implizit mit der Aufstellung eines linearen Programms erfasst. Lineare Programme bzw. Optimierungsmodelle stellen ein bedeutendes Teilgebiet der Unternehmensforschung (Operations Research) dar und und lassen sich in einem System linearer Gleichungen und/oder Ungleichungen abbilden. Hierbei werden die Zielvorstellungen des Entscheidungsträgers mit Hilfe einer Zielfunktion dargestellt. Die Zielfunktion drückt die Nutzenvorstellungen des Entscheidungsträgers aus und definiert bei Maximierungszielen den zu maximierenden Gesamtnutzen. Die im Rahmen der Zielsetzung zu beachtenden Restriktionen finden ihren Niederschlag in Nebenbedingungen. Diese stecken somit den Bereich ab, in dem zulässige Handlungsalternativen liegen können.

Die rechnerische Lösung des Entscheidungsproblems, d.h. die Bestimmung einer im Hinblick auf die Zielsetzung optimalen Handlungsalternative, erfolgt in solchen Modellen mit Hilfe der so genannten Simplex-Methode (Simplex-Algorithmus). Bei Entscheidungsproblemen, die nicht mehr als zwei (Entscheidungs)-Variablen enthalten, kann die Bestimmung der optimalen Lösung auch auf Grundlage einer grafischen Darstellung erfolgen. Die grafische Lösung ist eine einfache und sehr anschauliche Methode, die zugleich grundlegende Einblicke in die Struktur linearer Optimierungsaufgaben vermittelt.

In Beispiel 2.2 wird im Kontext der Optimierung eines Produktionsprogramms das grafische Lösungsverfahren vorgestellt. Da das Ausmaß der Vorteilhaftigkeit in diesem Beispiel direkt anhand der Realisierung der zu optimierenden Zielgröße (Höhe des Deckungsbeitrages) abgelesen werden kann, liegt eine Höhenpräferenz vor. Die Ergebnisse werden mit ihrer Höhe auf der Nutzenebene abgebildet, daher sind Ergebnis- und Nutzenhöhe identisch.

Beispiel 2.2:
In einem Unternehmen werden zwei beliebig teilbare Produkte P_1 und P_2 hergestellt. Zur Fertigung von P_1 werden die Maschinen M_1 und M_2 eingesetzt. Für das Produkt P_2 werden die Maschinen M_1, M_2 und M_3 benötigt. Die verfügbare Kapazität der Maschinen sowie die Beanspruchung der Maschinen je Einheit der Produkte sind der folgenden Tabelle zu entnehmen (ME = Mengeneinheiten):

Maschine	Bearbeitungszeit in h/ME		Maschinenkapazität in h
	P_1 [ME]	P_2 [ME]	
M_1	1	2	200
M_2	1	1	160
M_3	-	1	60

Die Deckungsbeiträge betragen für P_1 je Stück 20 € bzw. für P2 je Stück 30 €. Gesucht ist das Produktionsprogramm mit dem maximalen Gesamtdeckungsbeitrag DB.

Die zu bestimmende Variablen sind somit die Produktionsmengen von Produkt P1 und P2, die wir wie folgt bezeichnen:

x1 zu fertigende ME von Produkt P1
x2 zu fertigende ME von Produkt P2

Mit diesen Angaben lässt sich die Entscheidungssituation als lineares Optimierungsproblem wie folgt formulieren.

Zielfunktion:

$$DB = 20x_1 + 30x_2 \rightarrow Max!$$

Nebenbedingungen:

$$x_1 + 2x_2 \leq 200 \quad \textit{Kapazitätsrestriktion Maschine } 1\ (NB1)$$
$$x_1 + x_2 \leq 160 \quad \textit{Kapazitätsrestriktion Maschine } 2\ (NB2)$$
$$x_2 \leq 60 \quad \textit{Kapazitätsrestriktion Maschine } 3\ (NB3)$$
$$x_1, x_2 \geq 0 \quad \textit{Nicht-Negativitätsbedingung}$$

Durch die Zielfunktion und die Nebenbedingungen ist das mathematische Entscheidungsmodell vollständig beschrieben. Da nur zwei Entscheidungsvariablen vorliegen, kann das Optimum auch grafisch ermittelt werden (vgl. Stingl 2002, S. 14 ff.):

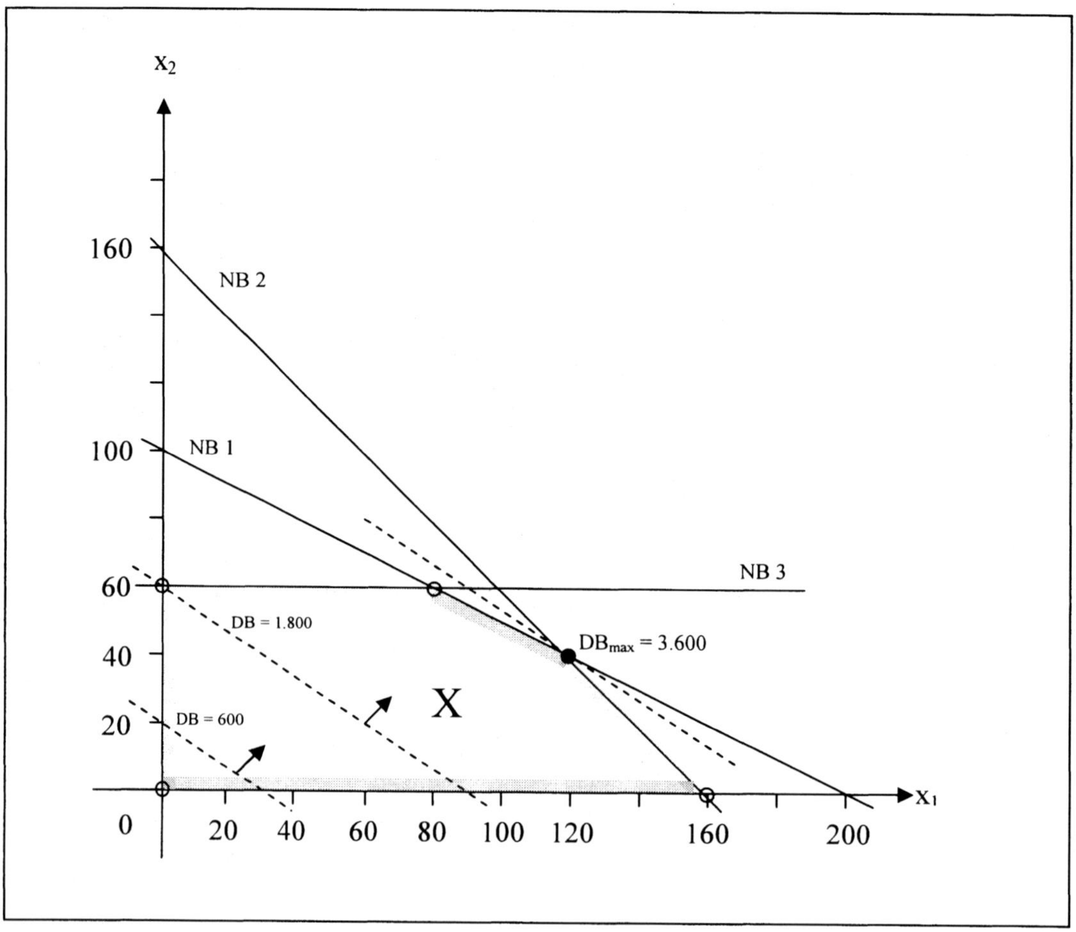

Abb. 2.1: Grafische Lösung des LP-Problems

- Der zulässige Lösungsbereich X (grau umrandet) stellt den Aktionenraum dar und enthält die Menge der (unendlich vielen) Handlungsalternativen.
- Durch die Formulierung der Nebenbedingungen als Gleichungen entstehen drei Geraden, die den Lösungsraum begrenzen. Die Geraden sind die Ränder (Obergrenzen) des Lösungsraumes. Aufgrund der Nichtnegativitätsbedingung wird hierbei nur der 1. Quadrant des Koordinatensystems betrachtet.
- Jeder Punkt (x_1, x_2) im Lösungsbereich erfüllt sämtliche Nebenbedingungen und kennzeichnet eine mögliche Alternative (Lösung).

- Die im Bild herausgestellten Punkte (0,0), (0,60), (80,60), (120,40) sind die so genannten Eckpunkte des Lösungsraumes (relevante Schnittstellen der drei Geraden, relevante Schnittpunkte der Gerdaen mit den Koordinatenachsen sowie Ursprung).
- Gesucht wird die deckungsbeitragsmaximale Alternative innerhalb des Lösungsraumes, d.h. der Punkt (x_1, x_2), der den größten Zielfunktionswert besitzt.
- Die Zielfunktion stellt für einen festen Wert von DB (z.B. DB = 600) ebenfalls eine Gerade dar; sie schneidet die Abzisse im Punkt (30,0) und die Ordinate in (0,20). Alle auf dieser Gerade liegenden Punkte (x_1, x_2) ergeben denselben Zielwert (Isogewinnlinie). Werden für den DB alternative Werte eingesetzt, ergibt sich (nach Umformung der Zielfunktion) eine Schar paralleler Isogewinnlinien mit der Steigung -2/3:

  $x_2 = \frac{DB}{30} - \frac{2}{3}x_1$ (in Abb. 2.1 sind einige Isogewinnlinien gestrichelt eingezeichnet).

- In Pfeilrichtung parallel verschobene Isogewinnlinien entsprechen einem höheren Deckungsbeitrag. Die Parallele, die den Lösungsraum X gerade noch berührt, stellt den maximalen Deckungsbeitrag dar. Die deckungsbeitragsmaximale Mengenkombination liegt damit im Regelfall in einem (äußeren) Eckpunkt des zulässigen Lösungsraumes. Im Beispiel ergibt sich im Punkt $x_1 = 120$ und $x_2 = 40$ ein maximaler Deckungsbeitrag von DB = 3.600 €. Es ist kein höherer Deckungsbeitrag realisierbar, da bei einer weiteren Verschiebung der Lösungsraum verlassen wird.

Die allgemeine Lösung des Entscheidungsproblems auf Basis der Simplex-Methode folgt im Prinzip dem grafischen Lösungsweg. Aufgrund der Erkenntnis, dass die optimale Lösung immer in einem zulässigen Eckpunkt des Lösungsraumes liegt, werden nur die Mengenkombinationen überprüft, die so genannte Basislösungen (= Eckpunkte) des Lösungsraumes darstellen. Das heißt, die Zielfunktion wird in mehreren Rechenschritten und ausgehend vom Koordinatenursprung (= Startecke) entlang benachbarter Eckpunkte so lange verschoben, bis die Basislösung gefunden ist, die die Zielfunktion maximiert (zum Rechengang vgl. Hauke/Opitz 2003, S. 74 ff.).

2.3 Entscheidungen bei mehreren Zielsetzungen

Sind Entscheidungen unter Beachtung mehrerer Zielsetzungen zu treffen, spricht man von multikriteriellen Entscheidungsproblemen bzw. -modellen (vgl. Klein/Scholl 2004,

S. 42 f.). Diese beschreiben die Realität i.A. besser als die nur an einer Zielgröße orientierten Modelle.

Liegen mehrfache Zielsetzungen vor, ist zunächst zu untersuchen, welche Beziehungen zwischen den Zielen bestehen. Es lassen sich grundsätzlich drei Arten von Zielbeziehungen unterscheiden:

- (a) Zielkomplementarität: Eine komplementäre Beziehung zwischen zwei Zielen liegt vor, wenn durch die Erfüllung des einen Zieles auch der Realisationsgrad des anderen Zieles gesteigert wird (z.B. „Gewinnmaximierung“ und „Minimierung der Ausschussquote“).
- (b) Zielkonkurrenz bzw. Zielkonflikt: Von konkurrierenden bzw. konfliktären Zielen wird gesprochen, wenn die Erfüllung eines Zieles den Realisierungsgrad des anderen Zieles beeinträchtigt (z.B. „Maximierung des Einkommens“ und „Minimierung der wöchentlichen Arbeitszeit“).
- (c) Zielneutralität bzw. Zielindifferenz: Zwei Ziele verhalten sich zueinander neutral bzw. indifferent, wenn die Erfüllung des einen Zieles keinerlei Einfluss auf die Erfüllung des anderen Zieles hat.

Geht man von zwei Zielen aus und bezeichnet den jeweiligen Zielerreichungsgrad mit z_1 bzw. z_2 lassen sich die unterschiedlichen Zielbeziehungen grafisch veranschaulichen (vgl. Abb. 2.2):

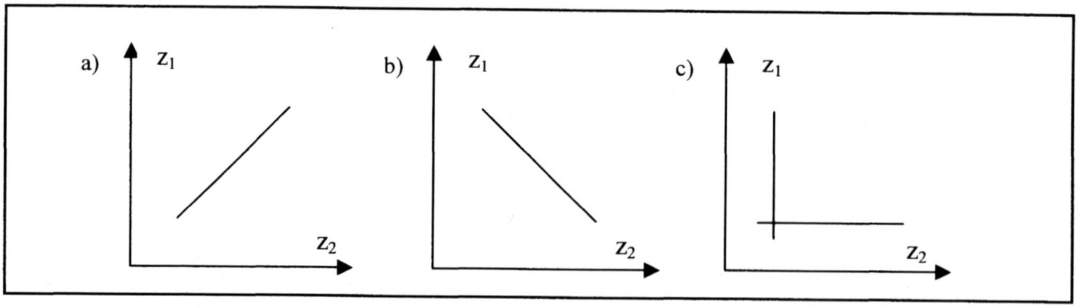

Abb. 2.2: Zielbeziehungen

Bei Zielkomplementarität erhöht sich mit steigendem Zielerreichungsgrad des einen Zieles auch der Zielerreichungsgrad des zweiten, bei Zielkonkurrenz sinkt der Zielerreichungsgrad des zweiten und bei Zielindifferenz verändert er sich nicht.

Liegt in einer Entscheidungssituation Zielkomplementarität oder Zielindifferenz vor, wird die Entscheidung durch das Vorhandensein mehrerer Zielsetzungen nicht erschwert. Bei Zielneutralität können die Entscheidungen hinsichtlich der einzelnen Zielgrößen isoliert werden, wodurch einfache, voneinander unabhängig lösbare Teilprobleme entstehen. Bei Zielkomplementarität wird aus dem multikriteriellen ein einkriterielles Entscheidungsproblem. In realen Entscheidungssituationen stehen aber i.d.R. zumindest einige der angestrebten Ziele in einer Konkurrenzbeziehung, so dass keine Handlungsalternative existiert, die simultan für alle Ziele optimal ist. In diesen Fällen ist es erforderlich die unterschiedlichen Ziele einzeln zu bewerten (vgl. Klein/Scholl 2004, S. 99 ff.).

2.3.1 Additives Nutzenmodell

Die so genannten additiven Modelle beruhen auf der Annahme, dass sich Teilnutzen unterschiedlicher Ziele ermitteln und mit Hilfe einer Gesamtnutzenfunktion zusammenfassen lassen. Als Minimalanforderung wird vorausgesetzt, dass zwischen den Zielgrößen vollständige *Präferenzunabhängigkeit* besteht. Sind unterschiedliche Nutzenskalen erforderlich, weil es nicht gelingt, die Beiträge der Ziele direkt auf einer einheitlichen Skala zu erfassen, müssen die Ziele zusätzlich *differenzunabhängig* sein.

Beispiel 2.3: Angenommen, es steht eine Entscheidung über den Kauf eines neuen Autos an. Als Ziele hat der Entscheidungsträger unter anderem die Automarke und Farbe formuliert. Wenn ihm nun ein schwarzer Porsche besser gefällt als ein roter, aber ein roter BMW besser als ein schwarzer, dann ist eine zielspezifische Bewertung der Farben schwarz und rot nicht unabhängig von dem Ziel Automarke möglich. Die Ziele sind **präferenzabhängig** (vgl. von Nitzsch 2002, S. 165).

Beispiel 2.4: Bei einem Autokauf werden für die Autowahl die drei Ziele Höchstgeschwindigkeit, Kaufpreis und Benzinverbrauch in Betracht gezogen. Das Ziel „Höchstgeschwindigkeit" ist **differenzunabhängig** von den anderen Zielen, wenn der zusätzliche Wert, dem eine Erhöhung der Höchstgeschwindigleit beigemessen wird, unabhängig davon ist, ob es sich z.B. um ein 50.000 €-Auto mit 20 Litern Durchschnittsverbrauch oder um ein 15.000 €-Auto mit 10 Litern Durchschnittsverbrauch handelt (vgl. Eisenführ/Weber 2003, S. 121).

Die grundsätzliche Struktur additiver Nutzenmodelle lässt sich anhand folgender Fälle illustrieren:

Fall (1): Es kann ein einheitlicher Nutzenmaßstab (z.B. Geldeinheiten) zugrunde gelegt werden. Die Zielfunktion kann in diesem Fall durch einfache Addition der Teilnutzenwerte aufgestellt werden:

$$U = U_1(Z_1) + U_2(Z_2) + \ldots + U_k(Z_k) \rightarrow Max! \qquad \text{bzw.} \qquad U(a_i) = \sum_{h=1}^{k} u_h(e_i^h)$$

Fall (2): Die Ergebnishöhen bezüglich sämtlicher Ziele lassen sich nicht auf einer einheitlichen Skala ausdrücken. Es sind zunächst die Einzelnutzenfunktionen unabhängig voneinander zu bestimmen. Da den Einzelnutzenfunktionen unterschiedliche Skalen zugrunde liegen, müssen diese durch Skalenfaktoren λ_h so ausgeglichen werden, dass die Nutzenbeiträge der verschiedenen Ziele zum Gesamtnutzen korrekt abgebildet werden.

Die Gesamtnutzenfunktion lautet in diesem Fall:

$$U(a_i) = \sum_{h=1}^{H} \lambda_h \cdot u_h(e_i^h)$$

Beide Fälle lassen sich durch folgendes Beispiel veranschaulichen, das von vollständiger Nutzenunabhängigkeit (Präferenz- und Differenzunabhängigkeit) der Zielgrößen ausgeht (zum Folgenden vgl. Klein/Scholl 2004, S. 105 ff.).

Beispiel 2.5: Ein Händler möchte ein neues Ladenlokal anmieten. Seine Zielvorstellungen umfassen dabei die erwartete Anzahl monatlicher Kunden (Z_1), die Anzahl Parkplätze, die er zur Verfügung stellen möchte (Z_2), die Warmmiete (Z_3) und die Entfernung zu seinem Wohnort (Z_4). Es handelt sich jeweils um **Extremierungsziele**, wobei Z_1 und Z_2 maximiert, Z_3 und Z_4 minimiert werden sollen. Es kann von folgender Zielgrößenmatrix ausgegangen werden.

	Kunden	Parkplatz	Miete	Entfernung
a_1	600	4	4.500 €	4 km
a_2	480	6	3.600 €	6 km
a_3	720	5	4.800 €	12 km
a_4	720	2	6.000 €	4 km

Fall (1): Es wird angenommen, der Händler könne den Teilnutzen der Kunden- und der Parkplatzanzahl sowie der Entfernung zum Wohnort ebenfalls als monetäre Größen ausdrücken. Seine spezifische, einheitliche Nutzenskala entspricht z.B. der €-Währung.

Ferner gehen wir davon aus, dass der (Höhen-)Nutzen linear verläuft. Der Nutzenzuwachs bleibt dann je Einheit gleich, wodurch sich die Teilnutzen der nicht-monetären Zielgrößen durch Multiplikation der Ergebnisse mit einer Konstanten errechnen lassen, die „Kosten“ bzw. „Erlöse“ pro Einheit festlegt. Es handelt sich hierbei um die vereinfachte Annahme **linearer Nutzenfunktionen**, bei denen die Ergebniswerte jeweils den Nutzenwerten entsprechen (es gilt also: $u(e_{ij}) = e_{ij}$).

Der Händler rechnet für jeden erwarteten Kunden mit einem durchschnittlichen Umsatz von 20 €. Jeder Parkplatz wird mit einem Wert von 300 € pro Monat angesetzt, da er alternativ zu diesem Betrag an Nachbargeschäfte vermietet werden könnte. Für die Entfernung zum Wohnort wird ein Kostensatz von 150 € pro km und Monat unterstellt. Dieser Kostensatz beinhaltet die echten Fahrtkosten, aber auch Opportunitätskosten (weniger Freizeit etc.), die dem Händler durch eine längere Fahrtzeit entstehen.

Daraus resultiert folgende Zielgrößenmatrix mit den Teilnutzenwerten $u_h(e_i^h)$. Die Gesamtnutzenwerte ergeben sich durch Addition der Teilnutzenwerte:

$$U(a_i) = \sum_{h=1}^{k} u_h(e_i^h).$$

Damit ist die Alternative a_3 optimal. Sie weist den höchsten Gesamtnutzen (interpretierbar als „Geschäftswert“ von 9.300 € pro Monat) auf.

	Kunden	Parkplatz	Miete	Entfernung	U (a_i)	Ũ (a_i)
a_1	12.000	1.200	-4.500	-600	8.100	1/2
a_2	9.600	1.800	-3.600	-900	6.900	0
a_3	14.400	1.500	-4.800	-1.800	9.300	1
a_4	14.400	600	-6.000	-600	8.400	5/8

Für eine grafische Veranschaulichung ist es sinnvoll, die Nutzenwerte auf das Intervall [0,1] zu normieren (Bandbreitennormierung):

Die normierte Nutzenfunktion ũ ergibt sich wie folgt: $\tilde{u}(e) = \dfrac{u(e) - u_{\min}}{u_{\max} - u_{\min}}$;

die letzte Spalte der vorstehenden Tabelle zeigt die aus der Bandbreitennormierung resultierenden Nutzenwerte $\tilde{U}(a_i)$.

Fall (2): Es wird jetzt angenommen, es gelingt nicht, die Ergebnisse der einzelnen Ziele auf einer einheitlichen Nutzenskala abzubilden. Damit wird folgende Vorgehensweise erforderlich:

- für jedes Ziel ist der Nutzen als Zielerreichungsgrad im Intervall [0,1] anzugeben. Dies ist für den vorliegenden Fall linearer Nutzenfunktionen einfach zu ermitteln. Man ordnet den schlechtesten bzw. besten Ergebnissen $e^h{}_{min}$ bzw. $e^h{}_{max}$ für jedes Ziel h = 1, ..., k den Nutzwert null bzw. eins zu. Dann können die Zielerreichungsgrade wie folgt ermittelt werden:

$$\tilde{u}_h(e_i^h) = \frac{e_i^h - e^h{}_{min}}{e^h{}_{max} - e^h{}_{min}} \qquad \text{für h = 1, ..., k und i = 1, ..., m}$$

- die unterschiedlichen Skalen der Einzelnutzenfunktionen müssen durch Skalenfaktoren λ_h ausgeglichen werden. Geeignete Skalenfaktoren ergeben sich durch die Nutzenbandbreiten - im Beispiel: $\lambda' = (4.800,\ 1.200,\ 2.400,\ 1.200)$. Da die Skalenfaktoren in der Summe den Wert 1 ergeben sollen, lauten die summennormierten Skalenfaktoren $\lambda = \lambda'/9.600 =$ (1/2; 1/8; 1/4; 1/8). Die Nutzenberechnung ergibt sich wie folgt:

	Kunden	Parkplatz	Miete	Entfernung		
λ_h	1/2	1/8	1/4	1/8	U (a_i)	Ũ (a_i)
a_1	1/2	1/2	5/8	1	19/32	1/2
a_2	0	1	1	3/4	15/32	0
a_3	1	3/4	1/2	0	23/32	1
a_4	1	0	0	1	20/32	5/8

Im Beispiel wurde zur Vereinfachung der Darstellung von **linearen Nutzenfunktionen** ausgegangen, bei der sich die Teilnutzen einfach ermitteln ließen. Erst hierdurch konnten auch die Zielerreichungsgrade und Skalenfaktoren ohne weitere Annahmen bestimmt werden. Diese Vereinfachung ist sicherlich nicht realistisch: Man stelle sich einen für den Unternehmensgewinn verantwortlichen Manager vor. Für ihn führt beispielsweise ein Gewinn von 0,5 Mio. € statt eines Verlustes von -0,5 Mio. € sicherlich zu einem höheren Nutzenzuwachs als eine betragsmäßig identische Gewinnsteigerung von 20 auf

21 Mio. €. In vielen Fällen lässt sich die absolute Ergebnishöhe nicht unmittelbar als Maß für den Nutzen heranziehen. Die Nutzenfunktion nimmt vielmehr häufig einen konkaven oder einen konvexen Verlauf - bzw. gemischte Formen, bei denen konkave und konvexe Abschnitte wechseln - ein. Abbildung 2.3 veranschaulicht charakteristische Verläufe von Nutzenfunktionen.

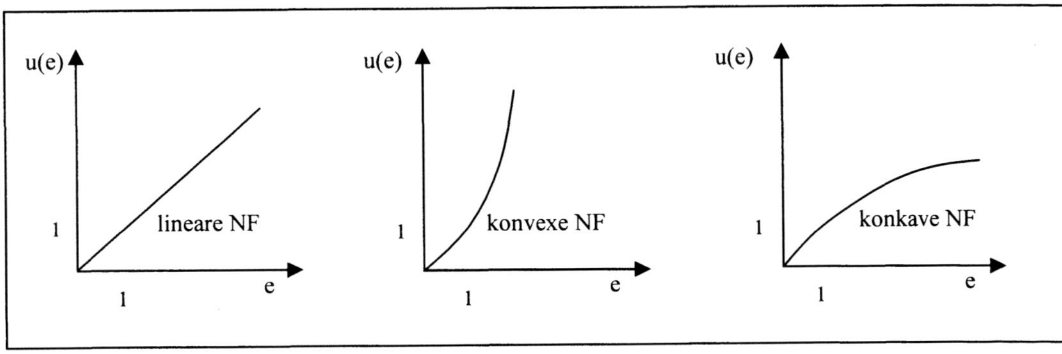

Abb. 2.3: Unterschiedliche Verläufe von Nutzenfunktionen

> Bei einer konkaven Nutzenfunktion nimmt der Nutzenzuwachs durch eine zusätzliche Ergebniseinheit mit wachsendem Ergebnis ab (Sättigungseffekt). Bei einer konvexen Nutzenfunktion nimmt der zusätzliche Nutzen einer weiteren Ergebniseinheit zu.

Mit der empirischen Bestimmung von Nutzenfunktionen beschäftigt sich die multiattributive Nutzentheorie. Von den zahlreichen Methoden und Befragungstechniken, die hierzu entwickelt wurden, wird im Folgenden die Halbierungsmethode (auch: Medianmethode) vorgestellt. Dies erfolgt beispielhaft anhand der Zielsetzung Z_1 („Maximale Kundenanzahl“) für die ersten drei Handlungsalternativen des vorangegangenen Beispiels (vgl. Klein/Scholl 2004, S. 348-350):

<u>Halbierungsmethode</u>

Im ersten Schritt wird die schlechteste x_0 und beste Zielausprägung x_1 ermittelt und $u(x_0) = 0$ sowie $u(x_1) = 1$ gesetzt. Im Beispiel gilt $x_0 = 480$ und $x_1 = 720$. Im zweiten Schritt wird der Entscheidungsträger gebeten, den wertmäßigen Mittelpunkt $x_{0,5}$ (Nutzenmedian) des Intervalls $[x_0, x_1]$ anzugeben. Das heißt, es wird derjenige Wert gesucht, für den $u(x_{0,5}) = 0,5$ oder - äquivalent hierzu - $(x_0 \rightarrow x_{0,5}) \sim (x_{0,5} \rightarrow x_1)$ gilt. Diese Schreibweise drückt aus, dass der Übergang von x_0 nach $x_{0,5}$ genau soviel wert ist, wie der Übergang von $x_{0,5}$ nach x_1. Als Nutzenmedian des Intervalls [480, 720] legt der

Einzelhändler eine erwartete Kundenanzahl von $x_{0,5} = 560$ und den Nutzen u(560) = 0,5 fest. Der Anstieg von 480 auf 560 Kunden führt demnach beim Entscheider zu einem gleichen Nutzenzuwachs wie der Anstieg von 560 auf 720 Kunden. In analoger Weise werden im dritten Schritt die subjektiven Mittelwerte für die Intervalle $[x_0, x_{0,5}]$ und $[x_{0,5}, x_1]$ bestimmt und mit $x_{0,25}$ sowie $x_{0,75}$ bezeichnet. Für die Werte gilt entsprechend $u(x_{0,25}) = 0{,}25$ bzw. $u(x_{0,75}) = 0{,}75$. Im Beispiel sei angenommen, dass $x_{0,25} = 510$ und $x_{0,75} = 630$ gilt.

Zur Erhöhung der Genauigkeit können weitere Intervallhalbierungen vorgenommen werden. Fünf Stützpunkte (x_0, $x_{0,25}$, $x_{0,5}$, $x_{0,75}$, x_1) sind allerdings häufig ausreichend, um die Nutzenfunktion - z.B. durch lineare Interpolation zwischen den Stützpunkten - bestimmen und zeichnen zu können (vgl. Eisenführ/Weber 2003, S. 109 f.). Abbildung 2.4 zeigt die (konkave) Nutzenfunktion für das Ziel Kundenanzahl.

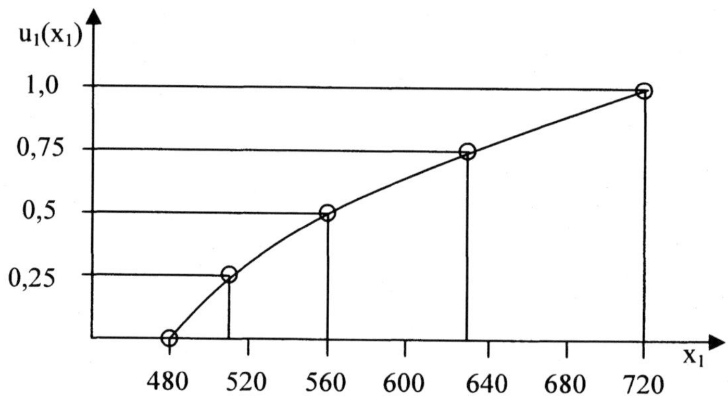

Abb. 2.4: Nutzenfunktion für Z_1 (Kundenanzahl)

Analog lassen sich Einzelnutzenfunktionen für die Ziele Z_2 bis Z_4 lassen ableiten.

2.3.2 Spezielle Entscheidungsregeln

Entgegen dem idealisierten Beispiel 2.5 sind die Voraussetzungen für separierbare (und messbare) Nutzenfunktionen in praktischen Entscheidungssituationen oft nicht gegeben. Für diese Fälle wurden in der Entscheidungstheorie so genannte Ersatzkriterien (auch: spezielle Entscheidungsregeln, klassische Entscheidungskriterien bzw. Kompromissmodelle) entwickelt, mit deren Hilfe versucht wird, die Präferenzen des Entscheidungsträgers implizit abzubilden.

Folgende „spezielle Entscheidungsregeln“ basieren auf diesem impliziten Ansatz (vgl. z.B. Bamberg/Coenenberg 2006, S. 55 ff.):

(1) Zielgewichtung
(2) Lexikographische Ordnung
(3) Körth-Regel
(4) Goal-Programming

Im Unterschied zu Entscheidungen bei Zielkomplementarität oder – indifferenz besteht bei Zielkonflikten die Problematik, dass keine Handlungsalternative existiert, die für alle Ziele optimal ist.

Vor Anwendung einer speziellen Entscheidungsregel zur Lösung von Zielkonflikten ist es allerdings möglich, mit Hilfe des so genannten **Dominanzprinzips**, die Menge der zu berücksichtigen Alternativen auf „effiziente“ Alternativen einzugrenzen. Dominanzkonzepte können sowohl bei Entscheidungen bei Sicherheit mit Zielkonflikten als auch bei Entscheidungen unter Unsicherheit angewandt werden. Im Folgenden wird die Grundidee der Dominanz für den in diesem Abschnitt relevanten Zielkonfliktfall erläutert. Hierbei wird von Maximierungszielen ausgegangen (vgl. Dörsam 2007, S. 15 ff.).

Dominanzkriterium und effiziente Alternativen bei Zielkonflikten

Eine Alternative a_i **dominiert** eine Alternative a_j, wenn a_i hinsichtlich keines Zieles (d.h. bzgl. keiner Spalte) schlechter und hinsichtlich mindestens eines Zieles besser als a_j ist.

Formal gilt folgender Zusammenhang:

a_i dominiert a_j wenn

$$e_i^h \geq e_j^h \textit{ für alle } h$$
$$\textit{und } e_i^h > e_j^h \textit{ für mindestens ein } h \textit{ gilt}$$

Eine Alternative, die von keiner anderen dominiert wird, bezeichnet man als **effizient**. Entsprechend bezeichnet man eine Alternative, die von einer anderen dominiert wird, als **ineffizient**.

Abb. 2.5: Dominanzprinzip (I)

Zur Veranschaulichung der Zusammenhänge dient Beispiel 2.6.

Beispiel 2.6: Die Alternativen der nachfolgenden Zielgrößenmatrix sind auf Dominanz und Effizienz zu überprüfen.

	z_1	z_2	z_3	z_4
a_1	4	10	12	8
a_2	3	10	9	6
a_3	9	8	6	9
a_4	2	5	7	11
a_5	2	4	4	10

In diesem Beispiel ist zum einen die Alternative a_2 ineffizient, denn diese wird von a_1 dominiert (a_1 ist bzgl. der Zielerfüllung k_1, k_3 und k_4 besser, und bzgl. des Zieles k_2 genauso gut wie a_2). Zum anderen ist auch Alternative a_5 ineffizient, da sie von a_4 dominiert wird. Effizient sind damit die Alternativen a_1, a_3 und a_4.

Zur Auswahl der optimalen Alternative aus der Menge der effizienten Alternativen lassen sich u.a. folgende Konzepte einsetzen.

(1) Zielgewichtung
Ein allgemeiner Ansatz, um Zielkonflikte ohne Angabe expliziter Nutzenfunktionen zu lösen, besteht in der Methode der Zielgewichtung. Hierbei wird jedem Ziel ein spezifisches Gewicht zugeordnet, das die Artenpräferenz des Entscheidungsträgers abbildet. Für die Zielgewichte wird in der Regel gefordert, dass ihre Summe gleich 1 (oder 100%) ist. Zielgewichte legen also den (prozentualen) Beitrag der einzelnen Ziele zur Gesamtzielerfüllung fest.

Vorgehensweise der Zielgewichtung:

1. Gewichtung der k Ziele mit den Anteilsgewichten $\lambda_1,\ldots,\lambda_h,\ldots,\lambda_k$, hierbei gilt: $0 \leq \lambda_h \leq 1$ und $\sum_{h=1}^{k} \lambda_h = 1$.
2. Maximierung der Zielfunktion: $\Phi(a_i) = \sum_{h=1}^{k} \lambda_h \cdot e_i^h \rightarrow Max!$

Die folgenden Beispiele zeigen die Vorgehensweise und Anwendungsmöglichkeit der Zielgewichtung.

Beispiel 2.7: Gegeben sei nachfolgende Zielgrößenmatrix mit 4 (monetären) Zielen und 5 Aktionsmöglichkeiten. Als Zielgewichte λ_h werden vom Entscheidungsträger λ_1=0,3; λ_2=0,4; λ_3=0,1 und λ_1=0,2 gewählt. Man könnte auch alternativ sagen, es besteht eine Dringlichkeitsordnung bezüglich der verfolgten Ziele im Verhältnis $z_1{:}z_2{:}z_3{:}z_4$ = 3:4:1:2. Optimal ist die Alternative a_3, da diese die höchste gewichtete Summe der Ergebnisse aufweist.

	z_1	z_2	z_3	z_4	**$\Phi(a_i)$**
a_1	2	5	8	10	**5,4**
a_2	3	4	9	14	**6,2**
a_3	5	10	6	9	**7,9**
a_4	2	5	10	8	**5,2**
a_5	6	4	4	6	**5,0**
λ_h	0,3	0,4	0,1	0,2	

Wenn die Ergebnisse der verschiedenen Ziele unterschiedliche Dimensionen bzw. hohe Größenunterschiede aufweisen, dann ist es sinnvoll, anstelle der absoluten Ergebniswerte e_i^h Zielerreichungsgrade g_i^h zu verwenden, die jeweils im Intervall [0,1] definiert sind. Maximiert wird dann die gewichtete Summe der Zielerreichungsgrade.

Die Zielfunktion lautet entsprechend: $$\Phi(a_i) = \sum_{h=1}^{k} \lambda_h \cdot g_i^h \rightarrow Max!$$

Die Zielerreichungsgrade lassen sich ausgehend von den optimalen bzw. schlechtesten Ergebnissen e_h^* bzw. $\underline{e}_h$ für jedes Ziel h = 1, ...,k wie folgt berechnen:

$$g_h = \frac{e_h - \underline{e}_h}{e_h^* - \underline{e}_h} \qquad \text{für } h = 1, \ldots, k$$

Beispiel 2.8: Für einen frischgebackenen Hochschulabsolventen kommen drei Beschäftigungsmöglichkeiten (Alternativen a_1 bis a_3) in Betracht, die sich in ihrem Anfangsjahresgehalt (Ziel 1) und in der durchschnittlichen Wochenarbeitszeit (Ziel 2) unterscheiden:

	Gehalt (Ziel 1)	Arbeitszeit (Ziel 2)
a_1	60.000 €	60 Stunden
a_2	45.000 €	40 Stunden
a_3	30.000 €	20 Stunden

In nachstehender Übersicht sind die Zielerreichungsgrade ausgewiesen. Die Zielgewichte werden vom Absolventen mit $\lambda_1 = 0{,}6$ (Gehalt) und $\lambda_1 = 0{,}4$ (Arbeitszeit) gewählt. Der Absolvent entscheidet sich für die - unter diesen Bedingungen optimale - Stelle a_1.

	Gehalt (Ziel 1)	Arbeitszeit (Ziel 2)	**$\Phi(a_i)$**
a_1	1	0	**0,6**
a_2	0,5	0,5	**0,5**
a_3	0	1	**0,4**
λ_h	0,6	0,4	

Problematisch an der Zielgewichtung ist es, wenn die Zielgewichte in einer Entscheidungssituation als allgemein gültige Zielbedeutung interpretiert werden. Die Wichtigkeit bzw. Bedeutung von Zielen ist stets von der konkrete Entscheidungssituation abhängig. Hierbei spielt die Bandbreite von Ergebnissen (das Ergebnisintervall) eine wesentliche Rolle. Empirische Untersuchungen des so genannten *Bandbreiteneffektes* zeigen hingegen, dass Entscheider häufig die Zielgewichte aus pauschalen Wichtigkeitsaussagen ableiten, ohne die Ergebnisintervalle zu berücksichtigen (vgl. von Nitzsch 2002, S. 187). Das heißt, die Zielgewichte werden oft unabhängig von den Bandbreiten formuliert und nicht an Änderungen angepasst, was zu unzuverlässigen Ergebnissen führen kann (vgl. hierzu Beispiel 2.9).

Es gibt kein pauschales Maß der Wichtigkeit von Zielen, sie bezieht sich stets auf eine konkrete Entscheidungssituation (mit den hierbei unterstellten Ergebnisintervallen). Die Bedeutung eines Zieles in Relation zu den anderen Zielen spiegelt sich in den Nutzenbandbreiten wider.

Beispiel 2.9: Werden die Ziele „Anfangsgehalt" und „Wöchentliche Arbeitszeit" verglichen, ist es nachvollziehbar, dass das Gehaltsziel höher gewichtet wird als die Arbeitszeit, wenn dessen Bandbreite [30.000 €, 200.000 €] beträgt und die Bandbreite der Arbeitszeit [38 Std., 38,5 Std.]. Um 170.000 € im Jahr zusätzlich zu erhalten, würde man sicherlich bereit sein, wöchentlich eine halbe Stunde mehr zu arbeiten. Aber wie verhält es sich, wenn eine veränderte Bandbreite als Entscheidungsgrundlage vorliegt. Beträgt die Bandbreite des Anfangsgehalts [30.000 €, 31.000 €], die der Arbeitszeit [10 Std., 60 Std.] würde sich die Zielgewichtung zugunsten der Arbeitszeit verschieben. Wer würde wohl 50 Stunden in der Woche mehr arbeiten, nur um 1.000 € mehr im Jahr zu erhalten? Die Zielgewichte hängen demnach von der Bandbreite ab. Mit einem größeren (kleineren) Intervall geht ein größeres (kleineres) Zielgewicht einher.

Diese kritische Darstellung der Zielgewichtung sollte verdeutlichen, dass die Anwendung einer Entscheidungsregel allein nicht unbedingt zu einer optimalen Lösung führt. Es sind vielmehr stets die spezifischen Bedingungen zu berücksichtigen, die einem konkreten Entscheidungsproblem zu Grunde liegen. Auch die folgenden Entscheidungsregeln implizieren bestimmte Voraussetzungen und Annahmen, so dass in Grenzfällen durchaus Zweifel an der Plausibilität des Entscheidungskriteriums gerechtfertigt sind (vgl. Bamberg/Coenenberg 2006, S. 55-60; vgl. Laux 2003, S. 95 ff.). Dennoch besitzen sie eine große Bedeutung in ihrer Funktion, die Entscheidungssituation transparent zu machen.

(2) Lexikographische Ordnung

Bei der lexikographischen Ordnung dient zunächst allein das wichtigste Ziel für die Ordnung der Alternativen. Weisen mindestens zwei Alternativen bezüglich dieser Zielart den gleichen Erfüllungsgrad (Zielbeitrag) auf, wird das zweitwichtigste Ziel zur Auswahl herangezogen. Stimmen auch die Erfüllungsgrade von zwei oder mehreren Alternativen bezüglich dieser Zielart überein, wird die Erfüllung des drittwichtigsten Ziels als Ordnungskriterium bestimmt. Diese Vorgehensweise wird solange weiter geführt, bis schließlich nur noch eine optimale Alternative verbleibt bzw. keine weitere Zielsetzung zu berücksichtigen ist.

Beispiel 2.10: Gegeben sei eine Zielgrößenmatrix mit fünf Alternativen und vier Zielen. Bezüglich der Zielhierarchie (= Präferenzordnung) gelte $z_3 \succ z_1 \succ z_4 \succ z_2$.

	z_1	z_2	z_3	z_4
a_1	2	5	10	8
a_2	3	4	9	14
a_3	5	10	8	9
a_4	2	5	10	5
a_5	6	4	4	6

- Bezüglich z_3 ist die Alternativenmenge $\{a_1; a_4\}$ optimal. Nur diese werden für die weitere Betrachtung bezüglich z_1 herangezogen.
- Die Alternativen a_1 und a_4 erbringen auch bezüglich z_1 den gleichen Erfüllungsgrad von 2. Damit scheidet keine von ihnen aus.
- Aufgrund des Zieles z_4 verbleibt nur noch die optimale Alternative a_1.
- Das Ziel z_2 wird nicht mehr berücksichtigt.

(3) „Körth"-Regel

Bei der Körth-Regel wird eine *Maximierung des minimalen Zielerreichungsgrades* angestrebt. Nach dieser Entscheidungsregel ist diejenige Alternative optimal, die in

Bezug auf den ungünstigsten Zielerreichungsgrad unter allen Alternativen den größten Wert aufweist.

Der Zielerreichungsgrad ist hierbei definiert als Quotient der mit einer Aktion tatsächlich verbundenen Zielerreichung und der maximal möglichen Zielerreichung. Auf eine formale Darstellung der (komplexen) Zielfunktion wird an dieser Stelle verzichtet. Die Vorgehensweise wird direkt anhand des folgenden Beispiels illustriert.

Beispiel 2.11: Für die Zielsetzungen aus Beispiel 2.10 ergeben sich folgende Zielerfüllungsgrade

	z_1	z_2	z_3	z_4	**Zeilenminimum**
a_1	2/6	5/10	1	8/14	**2/6**
a_2	3/6	4/10	9/10	1	**4/10**
a_3	5/6	1	8/10	9/14	**9/14**
a_4	2/6	5/10	1	5/14	**2/6**
a_5	1	4/10	4/10	6/14	**4/10**

Nach der Körth-Regel ist a_3 optimal. Eine Entscheidung für a_3 gewährleistet in Bezug auf sämtliche verfolgten Ziele eine Zielerfüllung, die mindestens (gerundet) 64,3 % der jeweils maximal erreichbaren Zielerfüllung beträgt. Es gibt keine Handlungsalternative, die einen höheren Prozentsatz minimaler Zielerfüllung ermöglicht.

(4) Goal-Programming
Bei diesem Lösungsansatz wird davon ausgegangen, dass dem Entscheidungsträger feste Zielvorgaben (z.B. Budgets) vorgegeben sind. Es wird ferner unterstellt, dass bei der Ergreifung einer Alternative diejenige als optimal angesehen wird, bei der diese Zielvorgaben insgesamt am besten erreicht werden.

Beim Standardansatz des Goal-Programming wird die Alternative gesucht, bei der die Summe der absoluten Abweichungen (Überschreitungen und Unterschreitungen) von den Zielvorgaben minimiert wird.

Bezeichnet man die Vorgabe für das Ziel z_h mit e_h, liegt der Bewertung der Aktionen beim Goal-Programming folgende (zu minimierende) Zielfunktion zu Grunde:

$$\Phi(a_i) = \sum_{h=1}^{k} \left| e^h - e_i^h \right|$$

(d.h.: die optimale Aktion wird durch das Minimum der Zeilensumme angegeben)

Beispiel 2.12: Zur Veranschaulichung der Vorgehensweise nach dem Goal-Programming wird wieder auf die Zielgrößenmatrix aus Beispiel 2.10 zurückgegriffen. Als Zielvorgaben werden gewählt: $e_1 = 12$, $e_2 = 8$, $e_3 = 14$, $e_4 = 6$. Nachfolgend sind die jeweiligen Zielabweichungen und in einer zusätzlichen Spalte die Zeilensumme der Abweichungen ausgewiesen.

	z_1	z_2	z_3	z_4	**Zeilensumme**
a_1	10	3	4	2	**19**
a_2	9	4	5	8	**26**
a_3	7	2	6	3	**18**
a_4	10	3	4	1	**18**
a_5	6	4	10	0	**20**

Die Aktionen a_3 und a_4 sind somit optimal. Die vollständige Reihenfolge der Alternativen lautet: $a_3 \sim a_4 \succ a_1 \succ a_5 \succ a_2$.

2.4 Übungen und Kontrollfragen

K 2.1: Unter welchen Voraussetzungen kann bei einkriteriellen Entscheidungsproblemen bei Sicherheit auf die Darstellung einer Nutzenfunktion verzichtet werden?

K 2.2: Welche Arten von Zielbeziehungen können unterschieden werden?

K 2.3: Diskutieren Sie verschieden Formen von Nutzenfunktionen!

K 2.4: Überlegen Sie, wie die Nutzenfunktionen der Ziele Z_2 bis Z_4 aus Beispiel 2.5 typischer Weise verlaufen könnten! Anmerkung zu Ziel Z_2: Nicht-ganzzahlige Werte können als Parkplätze interpretiert werden, die nur anteilig zur Verfügung stehen.

Übung 2.1: Gehen Sie von folgenden geänderten Daten des Beispiels 2.2 aus: Die Deckungsbeiträge für P1 (P2) betragen 9 € (6 €); fixe Kosten entstehen in Höhe von 400 €. Die Kapazitäten und Beanspruchung der Maschinen gehen aus der folgenden Tabelle hervor.

Maschine	Bearbeitungszeit in h/ME		Maschinenkapazität in h
	P_1 [ME]	P_2 [ME]	
M_1	1	1	400
M_2	1	0,5	320
M_3	-	1	250

Gesucht ist das gewinnoptimale Produktionsprogramm. Formulieren Sie das mathematische Problem (Zielfunktion und Nebenbedingungen). Lösen Sie das Entscheidungsproblem grafisch.

Übung 2.2: Gegeben sei folgende unvollständige Zielgrößenmatrix:

	z_1	z_2	z_3	z_4
a_1	2	4	3	u_{14}
a_2	5	1	6	1
a_3	4	3	0	1
a_4	u_{41}	4	3	5

a) Kann a_1 ineffiziente Alternative sein? Falls ja, welche Bedingungen sind dann an u_{14} und u_{41} zu stellen?
b) Für welche Werte von u_{14} und u_{41} kann die Alternativenmenge auf zwei undominierte Alternativen reduziert werden? Welche Alternativen sind dann die undominierten Alternativen? Erläutern Sie kurz Ihren Untersuchungsgang!
c) Welche der folgenden Aussagen sind richtig bzw. falsch? (1) Dominante Alternativen sind effiziente Alternativen! (2) Undominierte Alternativen sind effiziente Alternativen! (3) Effiziente Alternativen sind dominante Alternativen! (4) Ineffiziente Alternativen sind undominierte Alternativen!

Übung 2.3: Ein Unternehmen möchte sowohl den Umsatz als auch den Gewinn maximieren. Das Gewinnziel wird dabei als dreimal so wichtig wie das Umsatzziel erachtet. Für die Problemstellung sei folgende Zielgrößenmatrix (in EURO) angenommen:

	Umsatz	Gewinn
a_1	600.000	5.000
a_2	400.000	6.000
a_3	200.000	8.000

Welche Reihenfolge der Alternativen ergibt sich? Warum ist es sinnvoll, anstelle der absoluten Ergebniswerte mit (normierten) Zielerreichungsgraden zu rechnen? Welche Alternative ist dann optimal?

Übung 2.4: (angelehnt an Bamberg/Coenenberg, 2006, S. 67)
Eine monopolistische Unternehmung bietet ein Produkt auf dem Markt an, wobei folgende Nachfragefunktion gilt: $x = 80 - p$, dabei ist x die beim Preis p absetzbare Menge. Die Kostenfunktion lautet: $K = 200 + 25x$. Da dieses Produkt neu auf dem Markt ist, verfolgt die Unternehmung neben dem Ziel Gewinnmaximierung auch das Ziel Umsatzmaximierung. Dabei gilt, dass das Gewinnziel zum Umsatzziel im Verhältnis 4:1 bewertet wird. Welcher Angebotspreis ist optimal? Wie hoch sind bei diesem Angebotspreis der Gewinn und Umsatz?

Übung 2.5: √

Gegeben ist folgende Zielgrößenmatrix, in der die Zeilen bzw. die Spalten die möglichen Aktionen a_1, a_2, a_3 bzw. die relevanten Ziele z_1, z_2, z_3, z_4 repräsentieren.

	z_1	z_2	z_3	z_4
a_1	8	4	6	3
a_2	2	4	2	9
a_3	6	4	4	6

Welche Bewertungsreihenfolge ergibt sich nach

a) der Körth-Regel?
b) dem Goal-Programming-Ansatz mit den Zielvorgaben: $e_1=10$, $e_2=5$, $e_3=8$, $e_4=10$?
c) der Zielgewichtung mit folgender Dringlichkeitsordnung: $z_1:z_2:z_3:z_4 = 1:4:2:3$?
d) der lexikographischen Ordnung mit der Präferenzordnung: $z_2 \succ z_4 \succ z_3 \succ z_1$?

3 Entscheidungen bei Ungewissheit

Lernziele Kapitel 3
Nach dem Durcharbeiten des 3. Kapitels sollten Sie in der Lage sein, Entscheidungsprobleme bei unsicheren Erwartungen über die Ergebnisse (Ungewissheit) zu strukturieren und mit Hilfe adäquater Entscheidungsregeln zu lösen.

3.1 Grundlagen

Entscheidungen unter Ungewissheit sind dadurch charakterisiert, dass nicht mit Sicherheit auf den zukünftig eintretenden Umweltzustand geschlossen werden kann. Im Gegensatz zu der noch zu besprechenden Risikosituation liegt bei einer Entscheidung unter Ungewissheit keinerlei Information über die Wahrscheinlichkeit des Eintritts der möglichen Umweltzustände vor. Aus Gründen der einfacheren Darstellung beschränken wir uns bei den folgenden Entscheidungsproblemen stets auf den Fall, dass nur eine einzige Zielsetzung verfolgt wird.

Bei einem Entscheidungsproblem unter Ungewissheit handelt es sich um eine Situation mit mehreren möglichen Umweltzuständen, deren Eintrittswahrscheinlichkeiten dem Entscheidungsträger nicht bekannt sind.

Bei Unsicherheitssituationen kann wie im Fall der Sicherheit bei mehreren Zielen, zunächst mit Hilfe des Dominanzkriteriums die Alternativenmenge durch Aussonderung ineffizienter Alternativen verkleinert werden. Das **Dominanzprinzip** bei Unsicherheitssituationen wird an dem in der Entscheidungstheorie hierfür zumeist verwendeten Begriff der **Zustandsdominanz** erläutert (vgl. Dörsam 2007, S. 15). Der Unterschied zur beschriebenen Art der Dominanz in Kapitel 2.3.2 besteht lediglich darin, dass in den Spalten der Ergebnismatrix nicht mehr Ziele, sondern Umweltzustände abgebildet werden.

Dominanzkriterium und effiziente Alternativen bei Ungewissheit
Nach dem Prinzip der **Zustandsdominanz** dominiert eine Alternative a_i eine andere Alternative a_q (und ist dieser daher vorzuziehen), wenn a_i bei keinem Umweltzustand (k = 1,...,K) zu einem schlechteren und bei mindestens einem Zustand zu einem besseren Ergebnis führt als a_q.
Formal gilt für die Zustandsdominanz: a_i dominiert a_q wenn $\begin{array}{l} e_{qk} \geq e_{ik} \textit{ für alle } k \\ \textit{und } e_{qk} > e_{ik} \textit{ für mindestens ein } k \textit{ gilt} \end{array}$
Eine Alternative, die von keiner anderen nach der Zustandsdominanz dominiert wird, bezeichnet man als **effizient**.

Abb. 3.1: Dominanzprinzip (Zustandsdominanz)

Die Überprüfung einer Entscheidungssituation anhand des Dominanzkriteriums illustriert nachfolgendes Beispiel.

Beispiel 3.1: Gegeben ist folgende Ergebnismatrix, bei der die Eintrittswahrscheinlichkeiten für die einzelnen Umweltzustände nicht bekannt sind. Die Menge der bei der Bewertung zu berücksichtigenden Alternativen ist nach dem Prinzip der Zustandsdominanz auf die effizienten Alternativen einzugrenzen.

	s_1	s_2	s_3	s_4
a_1	6	5	8	3
a_2	1	5	8	7
a_3	5	10	8	9
a_4	2	5	10	5
a_5	6	4	4	6

Im Beispiel kann die ineffiziente Alternative a_2 ausgesondert werden; sie wird von a_3 dominiert!

Ein noch strengeres Dominanzprinzip als die Zustandsdominanz ist die **absolute** Dominanz. Hier wird zusätzlich gefordert, dass der schlechteste Ergebniswert der (nach der Zustandsdominanz) dominierenden Alternative besser als der beste Ergebniswert der dominierten Alternative ist. Eine absolute Dominanz liegt im Beispiel 3.1 nicht vor, denn der schlechteste Wert von a_3 (5) ist kleiner als der beste Wert der Alternative a_2 (8).

3.2 Entscheidungsregeln bei Ungewissheit

Im Folgenden werden einige „spezielle Entscheidungsregeln" für Unsicherheitssituationen vorgestellt, die ohne Nutzenfunktionen und Wahrscheinlichkeitsannahmen auskommen (vgl. hierzu z.B. Laux 2003, S. 106 ff.).

Im Einzelnen handelt es sich um die

(1) Maximax-Regel,
(2) Maximin-Regel,
(3) Hurwicz-Regel,
(4) Savage-Niehans-Regel und
(5) Laplace-Regel.

Hinter diesen Entscheidungsregeln verbergen sich jeweils spezifische Unsicherheitspräferenzen, die charakteristische Einstellungen zur Unsicherheit ausdrücken (vgl. Schildbach 1999, S. 91). Wesentlich für die (sinnvolle) Wahl einer bestimmten Entscheidungsregel ist daher deren möglichst gute Übereinstimmung mit der subjektiven Unsicherheitspräferenz des Entscheidungsträgers. Es wird ferner üblicher Weise von Maximierungszielen ausgegangen, wobei die Ergebniswerte (z.B. Geldeinheiten) direkt als Nutzenwerte (lineare Höhenpräferenz) zu interpretieren sind. Die Entscheidungsregeln können dann unmittelbar an der Ergebnismatrix ansetzen.

Die Erläuterung der einzelnen Entscheidungsregeln erfolgt anhand des folgenden Beispiels. Zur Vereinfachung der Darstellungsweise enthält die Beispielmatrix bereits die Entscheidungswerte der einzelnen Entscheidungsregeln und die Reihenfolge der Alternativen.

Beispiel 3.2: (modifiziert nach Manz/Dahmen/Hoffmann 2000, S. 24)
Einem Entscheidungsträger stehen drei Investitionsalternativen a_1, a_2 und a_3 zur Verfügung. Es handelt sich hierbei jeweils um die Durchführung einperiodiger

Investitionsobjekte mit derselben Anschaffungsauszahlung in t_0. Die Ergebniswerte stellen die Einzahlungsüberschüsse in t_1 dar. Die relevanten Umweltzustände werden durch den Konjunkturverlauf beschrieben, der gut (s_1), mittel (s_2) oder schlecht (s_3) ausfallen kann. Eintrittswahrscheinlichkeiten für die Umweltzustände sind nicht bekannt.

Ausgangstabelle

	s_1	s_2	s_3	Maximax	Maximin	Hurwicz (α =0,4)	Savage-Niehans	Laplace
a_1	32	17	11	32	11	19,4	5	20
a_2	22	19	16	22	16	18,4	10	19
a_3	25	22	4	25	4	12,4	11	17
Optimale Alternative				a_1	a_2	a_1	a_1	a_1

(1) Maximax-Regel
Die Maximax-Regel empfiehlt die Wahl derjenigen Alternative, die beim Eintreten des jeweils günstigsten Umweltzustandes zum besten Ergebnis führt (maximales Zeilenmaximum). Die Maximax-Regel spiegelt damit ein extrem optimistisches bzw. risikofreudiges Verhalten wider.

Entscheidungsregel: Wähle diejenige Alternative, bei der das maximal mögliche Ergebnis maximiert wird!

Die Zielfunktion lautet: $\Phi\,(a_i) = \max_j e_{ij} \rightarrow Max!$

Die Alternativenreihenfolge im Beispiel lautet: $a_1 \succ a_3 \succ a_2$

(2 Maximin-Regel
Die Maximin-Regel, die auch teilweise als Minimax-Regel bezeichnet wird, spiegelt das Entscheidungsverhalten eines extrem pessimistischen bzw. risikoscheuen Entscheiders wider. Bei dieser Regel wird bei jeder Alternative nur ihr Worst Case-Szenario betrachtet, wobei die Entscheidung dann für die Alternative gefällt wird, bei der das Minimum am größten ist.

→ suche Minimum pro Zeile, wähle daraus das Maximum

Entscheidungsregel: Wähle diejenige Alternative, bei der das minimal mögliche Ergebnis maximiert wird!

Die Zielfunktion lautet: $\Phi\,(a_i) = \min_j e_{ij} \rightarrow Max!$

Die Alternativenreihenfolge im Beispiel lautet: $a_2 \succ a_1 \succ a_3$

Die Maximin-Regel kann allerdings zu Entscheidungen führen, die nicht als rational zu bezeichnen sind, wie Beispiel 3.3 zeigt:

Beispiel 3.3: Auswahl zwischen zwei Alternativen (Angaben der Ergebnisse in Euro)

	s_1	s_2	s_3	Minimum
a_1	1.000	0,99	100	0,99
a_2	1	1	1	1

Nach der Maximin-Regel ist a_2 auszuwählen! Wer würde sich wohl in realistischen Situationen so entscheiden? Alternative a_1 ist zwar im ungünstigsten Fall minimal schlechter, aber ansonsten um ein Vielfaches besser!

(3) Hurwicz-Regel

Die Hurwicz-Regel kombiniert die Maximax- und die Maximin-Regel. Der Entscheidungsträger berücksichtigt sowohl die schlechteste als auch die günstigste Umweltsituation, indem vom Entscheidungsträger selbst ein so genannter Optimismus-Parameter λ festgelegt wird. Hierdurch kann implizit die individuelle „Risikoeinstellung" des Entscheidungsträgers bei der Alternativenauswahl mit berücksichtigt werden.

Die zu maximierende „Zielfunktion" lautet:

$$\Phi\,(a_i) = \lambda \cdot \max_j e_{ij} + (1-\lambda) \cdot \min_j e_{ij} \quad ; mit\ 0 \le \lambda \le 1$$

(Die konkrete Ausgestaltung der Präferenzfunktion und damit der Entscheidungsregel kann erst vorgenommen werden, wenn ein bestimmter Parameterwert festgelegt ist.)

Die einzelnen Werte des Optimismusparameters können abschnittsweise wie folgt gedeutet werden (vgl. Manz/Dahmen/Hoffmann 2000, S. 26):

- λ > 0,5: der Entscheider ist eher risikofreudig
- λ = 0,5: der Entscheider ist risikoneutral
- λ < 0,5: der Entscheider ist eher risikoscheu

Der Optimismus bzw. Pessimismus des Entscheidungsträger nimmt zu, je näher λ an eins bzw. null liegt. Für $\lambda = 0$ ($\lambda = 1$) geht die Hurwicz- Regel schließlich in die Maximin-Regel (Maximax-Regel) über.

Für einen gewählten Optimismus-Parameter $\lambda = 0{,}4$ lautet die Alternativenreihenfolge im Beispiel:
$a_1 \succ a_2 \succ a_3$

(4) Savage-Niehans-Regel → Minimierung der maximalen Enttäuschung

Die Savage-Niehans-Regel beruht auf der Überlegung, dass der Entscheider eine Enttäuschung bzw. Schaden (im Sinne von Opportunitätskosten) erleidet, sofern er eine Alternative a_i ergriffen hat, die sich im Nachhinein als nicht optimal erweist, wenn ein bestimmter Umweltzustand s_i eingetreten ist. Der „Enttäuschungswert" s_{ij} ist gleich der Differenz aus dem im Umweltzustand s_j maximal erreichbaren Erfolg und dem Erfolg der gewählten Alternative a_i:

$$s_{ij} = \max_k e_{kj} - e_{ij}$$

Die Darstellung der einzelnen Enttäuschungswerte erfolgt in einer so genannten Schadensmatrix (alternative Bezeichnungen sind Bedauerns-, Opportunitätskosten- und Enttäuschungsmatrix). Es wird unterstellt, dass der Entscheider einen möglichst geringen Enttäuschungswert anstrebt. Hierzu wählt er diejenige Alternative, bei der die maximal mögliche Enttäuschung minimal wird.

Tabelle 3.1 zeigt die Enttäuschungswerte und deren Ermittlung (Klammerwerte).

	s_1	s_2	s_3	Maximum
a_1	(32-32) 0	(22-17) 5	(16-11) 5	**5**
a_2	(32-22) 10	(22-19) 3	(16-16) 0	**10**
a_3	(32-25) 7	(22-22) 0	(16-4) 11	**11**

- Spaltenmaximum minus Wert d. Zeile
- aus diesen Werten Maximum auswählen
- Minimum von Maxima auswählen

Tabelle 3.1 Enttäuschungs- bzw. Schadensmatrix

Die Alternativenreihenfolge im Beispiel lautet: $a_1 \succ a_2 \succ a_3$

(5) Laplace-Regel
Bei der Laplace-Regel wird nach dem *Prinzip des unzureichenden Grundes* von einer Gleichwahrscheinlichkeit aller Umweltzustände ausgegangen. Die Begründung ist darin zu sehen, dass es bei Ungewissheit keinen Grund gibt anzunehmen, dass ein bestimmter Zustand eher eintreten wird als ein anderer.

Entscheidungsregel:	*Wähle diejenige Alternative, bei der die mit den jeweiligen Eintrittswahrscheinlichkeiten gewichtete Ergebnissumme maximiert wird!*

Die Unsicherheitssituation wird dadurch in eine „Risikosituation" transformiert, wobei als (zu maximierende) Zielfunktion die bereits aus dem Einführungsbeispiel bekannte Erwartungswertbildung verwendet wird.

Die Zielfunktion lautet: $\Phi(a_i) = \sum_{j=1}^{n} p_j \cdot e_{ij}$; n = Anzahl der Zustände

Alternativenreihenfolge im Beispiel: $a_1 \succ a_2 \succ a_3$

Den einzelnen Entscheidungsregeln bei Ungewissheit wird in der Literatur häufig mangelnde Rationalität vorgeworfen (vgl. den Überblick bei Dörsam 2007, S. 39 f.; ausführlich dazu Pfohl/Braun 1981, S. 185 ff.). Auch ohne eine grundlegende Rationalitätsanalyse durchzuführen, konnte exemplarisch gezeigt werden, dass die Maximin-Regel zu unsinnigen Entscheidungen führen kann. Ebenso können die anderen Entscheidungsregeln in manchen Fällen zu unplausiblen Ergebnissen führen. Genau genommen kann eine Entscheidung bei Unsicherheit lediglich in dem Fall eine rationale Wahl gewährleisten, in dem eine Alternative alle anderen dominiert. Die Bedeutung der besprochenen Regeln liegt daher primär in ihrer Funktion, Entscheidungssituationen zu strukturieren und auf potenzielle Chancen und Risiken aufmerksam zu machen (vgl. Klein/Scholl 2004, S. 393).

3.3 Übungen und Kontrollfragen

K 3.1: Warum wird die Laplace-Regel häufig auch als „Prinzip vom unzureichenden Grunde bezeichnet"?

K 3.2: Was drückt der bei Anwendung der Hurwicz-Regel erforderliche Optimismus-Parameter λ (bzw. $1-\lambda$) aus?

K 3.3: Diskutieren Sie den Begriff der „Schadensmatrix"!

Übung 3.1: (nach Bamberg/Coenenberg 2006, S. 143)
Ein Unternehmer hat die Möglichkeit 0, 1, 2, 3 oder 4 Einheiten eines leicht verderblichen Produktes zum Preis von 10,- € je Einheit zu kaufen. Der Verkaufspreis beträgt 20,- € je Einheit. Werden die Produkte nicht am selben Tag abgesetzt, so sind sie verdorben. Übernachfrage hat keine negativen Folgen.

Wie viel Einheiten wird der Unternehmer kaufen, wenn er sich nach den folgenden Regeln richtet?

a) Maximin-Regel
b) Maximax-Regel
c) Hurwicz-Regel mit $\lambda = 0{,}6$
d) Laplace-Regel
e) Savage-Niehans-Regel

Übung 3.2: Gegeben ist eine Ergebnismatrix mit folgenden Auszahlungsbeträgen

	s_1	s_2	s_3	s_4
a_1	120	50	70	40
a_2	60	60	80	90
a_3	40	50	-20	100

Ein Unternehmer möchte auf Basis der Hurwicz-Regel entscheiden. Für welche Werte des Optimismus-Parameters λ ist Alternative a_1, a_2 bzw. a_3 optimal?

4 Entscheidungen bei Risiko

Lernziele Kapitel 4
Nach dem Durcharbeiten des 4. Kapitels sollten Sie in der Lage sein, • Entscheidungsprobleme bei unsicheren Erwartungen über die Ergebnisse (Risiko) zu strukturieren und mit Hilfe adäquater Entscheidungsregeln zu lösen, • Aussagen zur Risikoeinstellung des Entscheidungsträgers aus der Form der Risikonutzenfunktion zu treffen und sowohl grafisch als auch rechnerisch zu bestätigen, • eine Risikonutzenfunktion mit Hilfe der Methode der Bernoulli-Befragung zu ermitteln.

4.1 Grundlagen

Eine Risikosituation ist wie folgt gekennzeichnet:

> In einer Risikosituation ist der zukünftig eintretende Umweltzustand zum Entscheidungszeitpunkt unbekannt. Es ist dem Entscheidungsträger aber möglich, den relevanten Umweltzuständen (objektive oder subjektive) Eintrittswahrscheinlichkeiten zuzuordnen.

Objektive Anhaltspunkte zur Bestimmung der Wahrscheinlichkeit liegen z.B. in folgenden Entscheidungssituationen vor (vgl. Bamberg/Coenenberg 2006, S. 76):

- Teilnahme an Glücksspielen, staatlichen Lotterien etc.: Berechnung der Wahrscheinlichkeiten aufgrund kombinatorischer Überlegungen.
- Abschluss eines Versicherungsvertrages: Schätzung von Wahrscheinlichkeiten für unterschiedliche Schadensfälle anhand des versicherungstechnischen Datenmaterials.
- Neu- oder Gebrauchtwagenkauf: Schätzung jährlicher Reparaturkosten oder Wahrscheinlichkeitsverteilungen für die Lebensdauer z.B. auf Basis längerfristiger Kfz-Statistiken.

- Disposition bzgl. Lagerhaltung: Wahrscheinlichkeitsverteilungen für die pro Periode nachgefragte Menge der verschiedenen Güter können beispielsweise aus Zeitreihen früherer Perioden geschätzt werden.

Liegen keine objektiven Anhaltspunkte zur Bestimmung der Eintrittswahrscheinlichkeiten der relevanten Umweltzustände vor, kann auch eine subjektive Einschätzung erfolgen, z.B. aufgrund von Expertenaussagen.

Auch bei Risikosituationen kann mit Hilfe einer spezifischen Form des Dominanzprinzips das Entscheidungsproblem vorstrukturiert werden (vgl. Bitz 1981, S. 20-24):

Dominanzkriterium und effiziente Alternativen bei Risiko

Eine Alternative a_i dominiert eine andere Alternative a_q nach dem Prinizp der **Wahrscheinlichkeitsdominanz**, wenn bei a_i die Wahrscheinlichkeit, mindestens einen Ergebniswert e' zu erzielen, nie kleiner und mindestens einmal größer als bei der Alternative a_q ist.

Formal gilt für Wahrscheinlichkeitsdominanz:

$$p(e_i \geq e') \geq p(e_q \geq e') \text{ für alle } e' \in \Re \text{ und}$$

$$p(e_i \geq e') > p(e_q \geq e') \text{ für mindestens ein } e' \in \Re$$

Eine Alternative, die von keiner anderen nach der Wahrscheinlichkeitsdominanz dominiert wird, bezeichnet man als **effizient**.

Abbildung 4.1 Dominanzprinzip (Wahrscheinlichkeitsdominanz)

Zur Veranschaulichung des Prinzips der Wahrscheinlichkeitsdominanz dient folgendes Beispiel.

größer-gleich für alle
größer für min. 1

Beispiel 4.1: Es sei folgende Risikosituation gegeben:

	s_1 $p_1 = 0{,}3$	s_2 $p_2 = 0{,}2$	s_3 $p_3 = 0{,}2$	s_4 $p_4 = 0{,}3$
a_1	20	10	30	0
a_2	0	30	20	10

Die Ergebnisse lassen sich zu Wahrscheinlichkeitsverteilungen zusammenfassen:

e	0	10	20	30	>30
$p(e_1 = e)$	0,3	0,2	0,3	0,2	0
$p(e_2 = e)$	0,3	0,3	0,2	0,2	0
$p(e_1 \geq e)$	1	0,7	0,5	0,2	0
$p(e_2 \geq e)$	1	0,7	0,4	0,2	0

Die in den Zeilen 4 und 5 angegebenen Mindestwahrscheinlichkeiten ergeben sich durch einfache Addition (von rechts nach links) der in den Zeilen 2 und 3 angegebenen Wahrscheinlichkeitswerte. Die kumulierten Wahrscheinlichkeiten können grafisch in Form einer fallenden Treppenkurve dargestellt werden (vgl. Abb. 4.2):

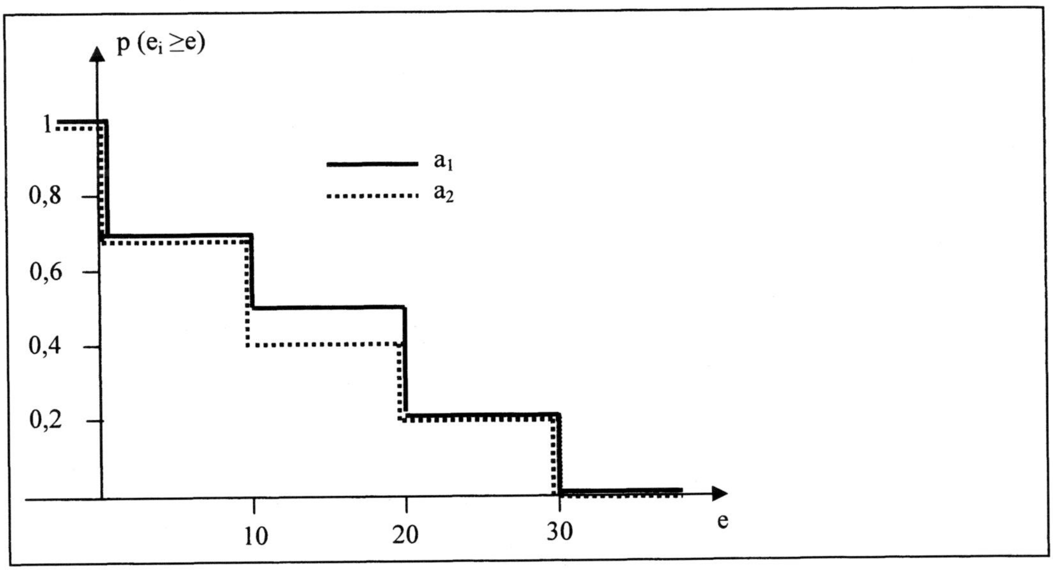

Abb. 4.2: Grafische Veranschaulichung der Wahrscheinlichkeitsdominanz

Das Beispiel zeigt anschaulich, dass die Alternative a_2 durch a_1 wahrscheinlichkeitsdominiert wird. Die Funktion der dominierenden Alternative a_1 liegt streckenweise oberhalb von a_2, verläuft teilweise mit ihr gemeinsam, jedoch nie unterhalb von a_2. Allgemein ist es für das Vorliegen von Wahrscheinlichkeitsdominanz bereits ausreichend, wenn eine Funktion nie unterhalb und zumindest einmal oberhalb der anderen liegt!

Dieses grafisch ermittelte Ergebnis, lässt sich entsprechend numerisch bestätigen, es gilt:

$$p(e_1 \geq e)\begin{cases} > p(e_2 \geq e) & \textit{für } 10 < e < 20 \\ = p(e_2 \geq e) & \textit{für } e \leq 10 \textit{ und } e \geq 20 \end{cases}$$

Es dürfte unmittelbar einsichtig sein, dass sowohl aus - oben beschriebener - absoluter Dominanz als auch Zustandsdominanz stets auch Wahrscheinlichkeitsdominanz folgt. Andererseits kann Wahrscheinlichkeitsdominanz vorliegen, ohne dass absolute Dominanz oder Zustandsdominanz besteht. Ferner ist es bei ausschließlicher Wahrscheinlichkeitsdominanz durchaus möglich, dass die dominierte Alternative für einzelne Szenarien zu günstigeren Alternativen führt als die dominante Alternative (im Beispiel z.B. falls Zustand s_2 oder s_4 eintritt).

4.2 Klassische Entscheidungskriterien

Es wurden in der Entscheidungstheorie zahlreiche Methoden entwickelt, die bei Risikosituationen eine Bewertung der Alternativen erlauben, ohne hierbei die Risikopräferenz explizit über eine Nutzenfunktion erfassen zu müssen (vgl. z.B. Bamber/Coenenberg 2006, S.103 ff.). Bei diesen, häufig als klassische Entscheidungskriterien bezeichneten Methoden, wird zunächst jeder Alternative durch *Verdichtung der vorliegenden Ergebnisverteilung* ein Präferenzwert zugeordnet. Anschließend werden die Alternativen anhand der Präferenzwerte in eine Reihenfolge gebracht. Zur Verdichtung der Ergebnisverteilung auf eine einzige Präferenz-(Kennzahl) dienen üblicher Weise statistische Verteilungsmaße.

Bei Risikosituationen besteht die Problematik, die Alternativen anhand ihrer Ergebnisverteilung bewerten zu müssen. Jeder Alternative entspricht eine Wahrscheinlichkeitsverteilung über die Ergebnisse, so dass beispielsweise eine einfache „Ergebnismaximierung" wie sie bei sicheren Erwartungen diskutiert wurde, bei Risiko keine Entscheidungsregel darstellt. Aufgrund der unsicheren Erwartungen darüber, welcher Ergebniswert bei Wahl einer Alternative realisiert wird, bedarf es zur Alternativenbeurteilung einer Kennzahl, mit deren Hilfe die Wahrscheinlichkeitsverteilung repräsentiert wird.

Im Folgenden werden mit dem

- **μ-Prinzip**
- **(μ,σ)-Prinzip**

zwei bedeutende Entscheidungskriterien bei Risikosituationen diskutiert sowie das so genannte **Sicherheitsäquivalent** als ein weiterer zentraler Begriff der Entscheidungslehre eingeführt.

μ-Prinzip

In der Literatur häufig verwendete Begriffe sind: μ-Regel, μ-Kriterium, Bayes-Regel, Erwartungswert-Prinzip. Auf eine terminologische Abgrenzung von „Entscheidungsregel" und „Entscheidungsprinzip" wird an dieser Stelle verzichtet (vgl. hierzu z.B. Bitz 1981, S. 87 f.; Laux 2003, S. 28-30).

Diese weit verbreitete und einfache Entscheidungsregel für Risikosituationen sieht vor, die Wahrscheinlichkeitsverteilungen der Alternativen jeweils durch ihren mathematischen *Erwartungswert* zu charakterisieren. Alternative Kennzeichnungen des Erwartungswertes sind E(X) - wobei X für Zufallsvariable steht -, $E(e_{ij})$ und μ.

Als Optimierungskriterium wird in der Regel die Maximierung (Minimierung) des Erwartungswertes vorgesehen, so dass diejenige Alternative optimal ist, die den größten (kleinsten) Erwartungswert der Ergebnisverteilung aufweist.

Als Entscheidungsregel kann somit formuliert werden:

Wähle die Handlungsalternative, bei der die Summe der wahrscheinlichkeitsgewichteten Ergebnisse maximal (minimal) ist!

Formal ergibt sich folgende zu maximierende (minimierende) Präferenzfunktion:

$$\Phi(a_i) = \mu_i = \sum_{j=1}^{n} p_j \cdot e_{ij}$$

Beispiel 4.2: Gegeben sei folgende Ergebnismatrix:

	s_1 $p_1 = 0{,}5$	s_2 $p_2 = 0{,}2$	s_3 $p_3 = 0{,}3$	$\Phi(a_i)=\mu_i$
a_1	40	20	10	27
a_2	120	-30	-20	48
a_3	30	10	60	35

Die in der letzten Spalte bereits eingetragenen Erwartungswerte errechnen sich wie folgt:

$$\mu_1 = 40 \cdot 0{,}5 + 20 \cdot 0{,}2 + 10 \cdot 0{,}3 = 27$$
$$\mu_2 = 120 \cdot 0{,}5 - 30 \cdot 0{,}2 - 20 \cdot 0{,}3 = 48$$
$$\mu_3 = 30 \cdot 0{,}5 + 10 \cdot 0{,}2 + 60 \cdot 0{,}3 = 35$$

Nach dem μ-Kriterium ist damit Alternative a_2 optimal.

Das Beispiel lässt erkennen, dass die beim μ-Prinzip geforderte Maximierung des Erwartungswertes keine allgemeingültige Verhaltensnorm darstellt. Es kann vielmehr für einen Entscheider plausible Gründe geben, Alternative a_2 abzulehnen. Als Argument könnte er z.B. anführen, dass er das damit verbundene Verlustrisiko nicht eingehen möchte und aufgrund der höheren Sicherheit, Alternative a_1 oder a_3 vorzieht. Das heißt, die subjektive Risikopräferenz eines Entscheiders wird beim μ-Prinzip vernachlässigt. Dieser Aspekt führt dazu, dass die praktische Relevanz des μ-Prinzips an spezifische Bedingungen geknüpft ist (vgl. zum Folgenden Bitz 1981, S. 91-98):

1. Das μ-Prinzip wird vor allem bei *Einzel*entscheidungen kritisiert, da es aufgrund der alleinigen Orientierung am mittleren Ergebnisniveau keine Risiken bzw. Chancen (verstanden als Unterschreitung bzw. Überschreitung von μ) berücksichtigt. Es impliziert damit eine grundsätzlich *risikoneutrale* Haltung des Entscheidungsträgers, die in realen

Entscheidungssituationen häufig nicht gegeben ist: dies zeigen bereits typische alltägliche Verhaltensweisen (Abschluss von Versicherungen, Teilnahme an Glückspielen etc.).

Beispiel 4.3: (angelehnt an Pfohl/Braun 1981, S. 162)
Bei der Betrachtung einer Lotterie mit einem angenommenen Hauptgewinn von 5 Mio € steht ein potenzieller Teilnehmer vor folgender (stark vereinfachter) Entscheidungssituation:

	s_1= Kein Gewinn p_1 = 1-1/14 Mio.	s_2=Hauptgewinn p_2 = 1/14 Mio.	μ_i
a_1 = Teilnahme, Einsatz 3€	-3 €	4.999997 €	≈ -2,64
a_2 = Keine Teilnahme	0	0	0

Aus der Darstellung geht hervor, dass der Erwartungswert der Teilnahme an der Lotterie kleiner als der Erwartungswert der Nicht-Teilnahme ist. Dennoch erfreut sich das Lottospiel großer Beliebtheit, was auf Basis des μ-Prinzips nicht plausibel erscheint.

Offensichtlich sind Spieler *risikofreudig:* sie verzichten auf ihren Einsatz, um ein Los zu erhalten, das einen geringeren Erwartungswert (als der Einsatz und der Alternative, nicht zu spielen) erbringt, aber die Chance eröffnet, den Hauptgewinn zu erzielen. Ähnlich kann gezeigt werden, dass bei zahlreichen Entscheidungssituationen die Entscheidung durch *risikoscheues* Verhalten geprägt ist. Ein typisches Beispiel ist der Abschluss von Versicherungen (Krankenversicherung, Brandversicherung etc.), bei denen eine Versicherungsprämie entrichtet wird, die höher ist als der Erwartungswert des Schadens. Eine alleinige Orientierung am Erwartungswert ist daher bei Einzelentscheidungen nicht geeignet, um reale Verhaltensmuster nachzuzeichnen.

2. Liegen bestimmte Entscheidungssituationen vor, die sich sehr häufig wiederholen lassen, kann das μ-Prinzip hingegen auch für nicht risikoneutrale Entscheider ein geeignetes Entscheidungskriterium sein. Dies liegt daran, dass sich nach dem Gesetz der großen Zahlen der erzielbare Durchschnittswert einer Alternative mit steigender Zahl von Wiederholungen dem Erwartungswert annähert (siehe Beispiel 4.4). Das heißt, die Ergebnisstreuungen um den Erwartungswert nehmen immer mehr ab, was auch so formuliert werden kann, dass sich günstige und ungünstige Ergebnisse - Risiken und Chancen - allmählich aufheben. Im Zeitverlauf und im Durchschnitt stellt sich schließlich der Erwartungswert ein (vgl. Pfohl/Braun 1981, S. 160 f.]. Sofern diese Voraussetzung der häufigen Wiederholbarkeit gleicher bzw. ähnlicher Zufallsexperimente gegeben ist,

stellt das μ-Kriterium ein sinnvolles Entscheidungsprinzip dar, und zwar unabhängig von der spezifischen Risikopräferenz. Dies ist für zahlreiche ökonomische Entscheidungssituationen der Fall, wie folgender Auszug der Aufzählung bei Bitz zeigt (1981, S. 94):

- Qualitätsbeurteilung gleichartiger Werkstücke, die zu tausenden den gleichen Arbeitsgängen unterzogen werden.
- Planung von Stillstandzeiten und Reparaturkosten bei einem Park mehrer hundert oder tausend gleichartiger Aggregate (z.B. Webstühle).

Beispiel 4.4: (nach Bitz 1981, S. 91) Betrachtet wird ein Glücksspiel, bei dem eine Münze geworfen wird. Je nachdem, ob Kopf oder Zahl erscheint, können unterschiedliche Gewinne realisiert werden.

	Kopf $p_1 = 0{,}5$	Zahl $p_2 = 0{,}5$
a_1	0 €	10 €

Der Erwartungswert des Gewinns beträgt $\mu = 5$ €. Bei einmaliger Durchführung tritt dieser Wert allerdings mit Sicherheit nicht ein; man erhält entweder gar nichts oder 10 €. Die Streuung der möglichen Ergebnisse um diesen Mittelwert ist damit sehr hoch. Zur Beschreibung des Spielausgangs bei einmaliger Durchführung des Spiels macht die Verwendung des Erwartungswertes offenbar wenig Sinn. Anders verhält es sich, wenn das Spiel öfter wiederholt wird. Bei zehnmaliger Durchführung könnten als Ergebnisse z.B. die Zahlen 0, 0, 10, 10, 10, 0, 0, 0, 0, 10 herauskommen. Der Durchschnitt dieser Zahlen beträgt 4, liegt also schon in der Nähe des Erwartungswertes. Es kann gezeigt werden, dass sich dieser Durchschnittsgewinn mit zunehmender Wiederholung des Spiels dem Wert 5 immer mehr annähert. Ohne Beweis: Bei 100 (250) Wiederholungen beläuft sich die Wahrscheinlichkeit für einen Durchschnittsgewinn im Intervall zwischen 4 und 6 bereits auf ca. 85% (>99,9%).

Aus den Ausführungen geht hervor, dass eine Entscheidung nach dem μ-Prinzip grundsätzlich nur dann sinnvoll ist, wenn entweder die Entscheidungssituation hinreichend oft wiederholt werden kann oder wenn ein Entscheidungsträger risikoneutral ist. Als weiteres Argument gegen das μ-Prinzip wird auch das so genannte **Petersburger-Spiel** angeführt, das im Zusammenhang mit der Erwartungsnutzentheorie (Kap. 4.4) erläutert wird.

(μ,σ) -Prinzip

Beim (μ,σ)-Prinzip werden die mit den Alternativen verbundenen Ergebnisverteilungen nicht nur anhand ihres Erwartungswertes, sondern auch anhand ihrer Standardabweichung beurteilt. Die Standardabweichung σ einer Wahrscheinlichkeitsverteilung ist ein Maß dafür, wie stark die möglichen Ergebniswerte um ihren Erwartungswert streuen. Insofern kann sie als Ausdruck des *Risikos* interpretiert werden, das mit der Wahl einer bestimmten Alternative verbunden ist. Die Standardabweichung σ ist (im hier betrachteten diskreten Fall) wie folgt definiert:

$$\sigma_i = \sqrt{\sum_{j=1}^{n} (e_{ij} - \mu_i)^2 \cdot p_j} \qquad \text{bzw.} \qquad \sigma_i = \sqrt{\sum_{j=1}^{n} (p_j \cdot e_{ij}{}^2) - \mu_i{}^2}$$

Bezüglich der Risikoeinstellung wird von folgender Interpretation ausgegangen (vgl. Laux 2003, S. 156).

Ein *risikoscheuer* Entscheider misst dem Risiko, einen Ergebniswert (Gewinn, Einkommen etc.) zu realisieren, der unterhalb seines Erwartungswertes liegt, ein größeres Gewicht zu als der Chance einer positiven Abweichung. Er strebt daher - bei gegebenem Erwartungswert - eine möglichst geringe Streuung der Ergebniswerte an. Ein *risikofreudiger* Entscheider gewichtet dagegen umgekehrt die Chance auf einen hohen Ergebniswert stärker als die Gefahr der Unterschreitung des Erwartungswertes. Er wird daher von zwei (beliebigen) Alternativen mit demselben Ergebniserwartungswert diejenige mit der größeren Standardabweichung der Ergebnisverteilung vorziehen.

Die Präferenzfunktion hat beim (μ,σ)-Prinzip die allgemeine Form $\Phi(a_i) = \Phi(\mu_i, \sigma_i)$, deren Gestalt erst durch spezifische Verknüpfungsvorschriften bzgl. der Variablen konkretisiert wird. Je nach Festlegung dieser Funktion entstehen unterschiedliche (μ,σ)-Regeln. In diesen (μ,σ)-Regeln kann dann ein positives oder negatives Gewicht für σ so vorgegeben werden, dass die spezifische Risikoeinstellung des Entscheidungsträgers in der Präferenzfunktion Φ berücksichtigt wird.

Zur Ausgestaltung der Präferenzfunktion dient häufig folgendes, formales Konzept (vgl. Bitz 1981, S. 102):

$$\Phi(\mu_i, \sigma_i) = \mu - \alpha \cdot \sigma$$

Der (vorzugebende) Parameter α bringt hierbei die spezifische Risikoeinstellung des Entscheidungsträgers zum Ausdruck:

- $\alpha > 0$: der Entscheidungsträger ist risikoscheu. Der Präferenzwert sinkt, wenn die Streuung zunimmt. Zusätzliches Risiko wird negativ bewertet.
- $\alpha < 0$: der Entscheidungsträger ist risikofreudig. Eine größere Streuung erhöht den Präferenzwert.
- $\alpha = 0$: der Entscheidungsträger ist risikoneutral. In seinem Bewertungskalkül spielt die Streuung der Ergebniswerte um ihren Erwartungswert keine Rolle.

Über diese einfache Grundstruktur hinausgehend können (μ,σ)-Regeln z.B. auch eine stärkere Gewichtung von μ oder anstelle der Standardabweichung σ die Varianz σ^2 in der Präferenzfunktion vorsehen (vgl. Beispiel. 4.5 bzw. Kap. 4.5).

Beispiel 4.5: Gegeben sei die Ergebnismatrix aus Beispiel 4.2.

	s_1 $p_1 = 0{,}5$	s_2 $p_2 = 0{,}2$	s_3 $p_3 = 0{,}3$	$\Phi(a_i)=\mu_i$
a_1	40	20	10	27
a_2	120	-30	-20	48
a_3	30	10	60	35

Die Entscheidung soll nun nach der (μ,σ)-Regel mit folgender Präferenzfunktion getroffen werden: $\Phi(a_i) = 2\mu_i - 0{,}05 \cdot \sigma_i$. Die Erwartungswerte wurden bereits mit $\mu_1 = 27$; $\mu_2 = 48$; $\mu_3 = 35$ ermittelt! Als Standardabweichung der einzelnen Handlungsalternativen ergeben sich folgende gerundete Werte:

$$\sigma_1^2 = (40-27)^2 \cdot 0{,}5 + (20-27)^2 \cdot 0{,}2 + (10-27)^2 \cdot 0{,}3 = 181$$

$$\sigma_2^2 = (120-48)^2 \cdot 0{,}5 + ((-30)-48)^2 \cdot 0{,}2 + ((-20)-48)^2 \cdot 0{,}3 = 5.196$$

$$\sigma_1^2 = (30-35)^2 \cdot 0{,}5 + (10-35)^2 \cdot 0{,}2 + (60-35)^2 \cdot 0{,}3 = 325$$

$$\Rightarrow \sigma_1 = 13{,}45; \sigma_2 = 72{,}08; \sigma_3 = 18{,}03$$

<u>Anmerkung</u>: Die Berechnung der Standardabweichung lässt sich vereinfachen, indem zunächst das Quadrat der Standardabweichung - die Varianz - ermittelt und anschließend die Wurzel gezogen wird!

Einsetzen der errechneten Werte in die Präferenzfunktion ergibt:

$$\Phi(a_1) = 2 \cdot 27 - 0{,}05 \cdot 13{,}45 = 53{,}32$$

$$\Phi(a_2) = 2 \cdot 48 - 0{,}05 \cdot 72{,}08 = 92{,}39$$

$$\Phi(a_3) = 2 \cdot 35 - 0{,}05 \cdot 18{,}03 = 69{,}09$$

Alternative a_2 hat aufgrund der hier unterstellten **minimalen Risikoscheu** nach wie vor den größten Präferenzwert und wird gewählt.

Der Präferenzwert ergibt sich auf Basis der durch die spezifische (μ,σ)-Regel festgelegten Funktionsvorschrift. Hinsichtlich seiner Höhe lassen sich grundsätzlich folgende Fälle unterscheiden:

- Bei *konstantem* Risiko (σ): die Präferenzfunktion nimmt mit wachsendem Erwartungswert (μ) stets höhere Werte an, da ein höherer Erwartungswert generell als positiv bewertet wird.
- Bei *konstantem* Erwartungswert (μ): *steigen* die Präferenzwerte mit zunehmendem Risiko (=Risikofreude); *sinken* die Präferenzwerte mit zunehmendem Risiko (=Risikoscheu).

Im Fall der Risikoneutralität ist die Präferenzfunktion hingegen unabhängig von der Höhe des Risikos, es gilt das μ-Prinzip.

Die Präferenzen von (μ,σ)-Regeln lassen sich grafisch in einem (μ,σ)-Diagramm veranschaulichen. In einem solchen Diagramm können so genannte Indifferenzlinien eingezeichnet werden, entlang denen alle (μ,σ)-Kombinationen als gleichwertig eingestuft werden. Ein Beispiel zur analytischen Ableitung einer Indifferenzlinie anhand einer gegebenen Präferenzfunktion wird in Kapitel 4.5 behandelt. Aufgrund der Berücksichtigung der Standardabweichung in der Präferenzfunktion ist das (μ,σ)-Prinzip im Gegensatz zum μ-Kriterium in der Lage, empirische Entscheidungsbefunde annähernd abzubilden (z.B. risikofreudiges Verhalten von Glücksspielern, risikoscheues Verhalten von Versicherungsnehmern). Ein Nachteil dieses Prinzips ist darin auszumachen, dass bei bestimmten (μ,σ)-Regeln gegen das Dominanzprinzip - und damit gegen ein grundlegendes Rationalitätspostulat - verstoßen wird. Der Leser mag dies anhand Übung 4.5 selbst nachvollziehen (vgl. auch Kap. 4.5):

Exkurs: Indifferenzlinien

Eine Indifferenzlinie ist der geometrische Ort aller μ-σ-Kombinationen mit gleichem Präferenzwert. Sofern μ und σ *linear* in die Präferenzfunktion eingehen ergeben sich *gerade* Indifferenzlinien (andere Verläufe werden unten beispielhaft skizziert). Bei Risikoscheu verlaufen die Indifferenzlinien steigend: das durch σ ausgedrückte Risiko fließt negativ in die Präferenzfunktion ein. Damit bei zunehmender Streuung (σ) der Ergebnisse dennoch der gleiche Präferenzwert erreicht wird, muss dieser Effekt durch einen höheren Erwartungswert ausgeglichen werden. Bei Risikofreude haben die Indifferenzlinien einen fallenden Verlauf, d.h. eine Verminderung des Erwartungswertes kann entlang der Indifferenzlinie durch eine - als positiv bewertete - Steigerung des Risikos kompensiert werden. Im Fall der Risikoneutralität verlaufen die Indifferenzlinien schließlich parallel zur σ-Achse. Unterschiedliche Streuungen der Ergebnisse sind nicht relevant, da die Entscheidung allein aufgrund des Erwartungswertes gefällt wird. Der gestrichelt eingezeichnete Pfeil gibt jeweils die Richtung aufsteigender Präferenz an.

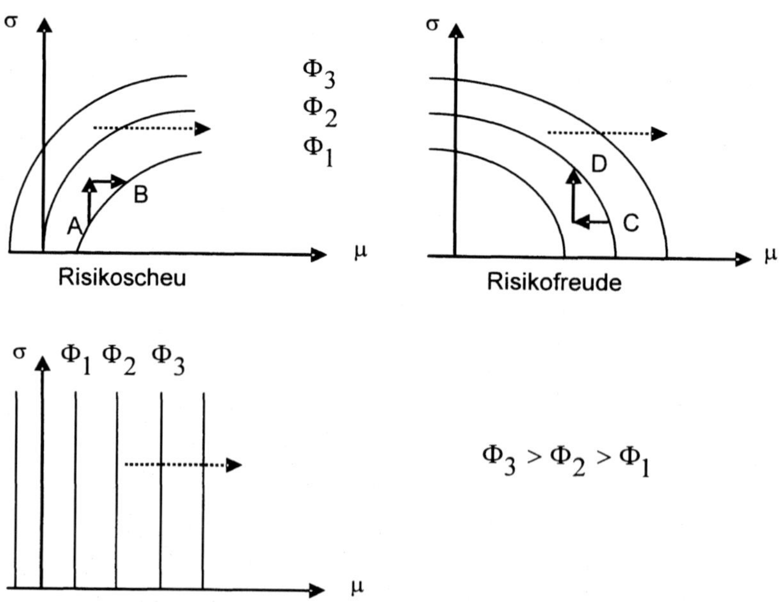

Sicherheitsäquivalent

Ein weiterer zentraler Begriff in der Entscheidungstheorie ist das so genannte **Sicherheitsäquivalent S** (vgl. Eisenführ/Weber 2003, S. 222 ff.; vgl. Laux 2003, S. 215 ff.).

> Das **Sicherheitsäquivalent S** ist der sichere (Einkommens-)Betrag, der dem Entscheidungsträger gleichwertig (äquivalent) mit der betrachteten (unsicheren) Alternative erscheint.

Das Sicherheitsäquivalent ist somit derjenige sichere Wert, der zu dem selben Präferenzwert führt wie die betrachtete Alternative. Es kann wie folgt ermittelt werden:

- Bei Anwendung des μ-Prinzips, das einen risikoneutralen Entscheider unterstellt, der sich ausschließlich am Erwartungswert orientiert, gilt:

  $S = E(X) = \mu$

  Das Sicherheitsäquivalent entspricht im Fall der Risikoneutralität somit gerade dem Erwartungswert der zufallsabhängigen Ergebnisverteilung.
- Bei Anwendung des (μ,σ)-Prinzips gilt für einen sicheren Wert entsprechend:

  $S = E(X) = \mu$ und $\sigma_S = 0$.

Beispiel 4.6: Für die im Beispiel 4.5 ermittelte optimale Alternative ist nun das Sicherheitäquivalent zu bestimmen. Optimal war Alternative a_2 mit einem Präferenzwert von $\Phi(a_2) = 92{,}39$. Die (μ,σ)-Regel lautet im Beispiel $\Phi(a_i) = 2\mu_i - 0{,}05\sigma_i$. Das Sicherheitsäquivalent ergibt sich somit wie folgt: $92{,}39 = 2 \cdot S - 0{,}05 \cdot 0 \Leftrightarrow S = 46{,}19$. Es ist damit kleiner als der für Alternative a_2 ermittelte Erwartungswert ($\mu = 48$).

Demzufolge betrachtet ein risikoscheuer Entscheider bereits einen sicheren Betrag als äquivalent zu einer unsicheren Alternative, der *niedriger* ist als deren Erwartungswert. Bei Risikofreude gilt entsprechend der umgekehrte Fall. Der allgemeine Zusammenhang von Sicherheitsäquivalent (S), Risikoeinstellung und Erwartungswert (E(X)) einer unsicheren Alternative kann wie folgt beschrieben werden:

Risikoneutralität: **S = E(X)**	Risikofreude: **S > E(X)**	Risikoscheu: **S < E(X)**

Grafisch lässt sich das Sicherheitsäquivalent ebenfalls im (μ,σ)-Diagramm veranschaulichen. Da bei einem sicheren Wert keine Streuung vorliegt und σ damit einem Wert von Null einnimmt, ergibt sich das Sicherheitsäquivalent gerade als Schnittpunkt der entsprechenden Indifferenzlinie mit der Abzisse.

Große Bedeutung hat die Anwendnung des (μ,σ)-Prinzips in der Portefeuille-Theorie gewonnen, die im Folgenden in ihren Grundzügen behandelt wird.

4.3 Wertpapiermischung auf Basis des (μ,σ)-Prinzips

Die von *Markowitz* (1952, 1959) entwickelte *Portfoliotheorie* (auch als Portfolio Selection Theory bzw. Portefeuille-Theorie bezeichnet) basiert auf der Grundidee der Risikostreuung und befasst sich systematisch mit der Frage, wie unter bestimmten Annahmen ein Wertpapierportefeuille in optimaler Weise aus verschiedenen, risikobehafteten Wertpapieren zusammengesetzt werden soll. Als Gestaltungsparameter für die Zusammenstellung verschiedener Wertpapiere in einem solchen Portefeuille dienen die erwartete *Rendite* und das *Risiko* der Anlage (vgl. zum Folgenden Hagenloch 2007, S. 177 ff.).

Die Ausführungen in diesem Abschnitt beschränken sich entsprechend der traditionellen Fragestellung nach der optimalen „Mischung" von Wertpapieren auf die Kapitalanlage in Wertpapiere, speziell auf die Anlage in Aktien. Die aus der Portefeuille-Theorie gewonnenen Erkenntnisse lassen sich aber prinzipiell auf alle risikobehafteten Investitionsentscheidungen bzw. marktgängige Vermögensformen übertragen. Terminologisch ist anzumerken, dass die Begriffe „Aktie" und „Wertpapiere" als theoretische Begriffe benutzt werden, wobei Aktien als ertragbringende Wertpapiere interpretiert werden können, deren Renditen unsicher sind (vgl. Schmidt/Terberger 1997, S. 313). Teilweise werden in der Literatur die Begriffe Investitionen, riskante Wertpapiere oder Aktien synonym verwendet, „weil Wertpapiere oder Aktien nichts anderes sind als die Verbriefung erwarteter Bruttoeinzahlungsüberschüsse durch Investitionen" (Manz/Dahmen 1999, S. 94). Im Folgenden wird i.d.R. der Begriff „Wertpapier" benutzt.

Die Portefeuille-Theorie kann allgemein als ein (normatives) Entscheidungsmodell bei Risikosituation charakterisiert werden, das **Handlungsempfehlungen** hinsichtlich der Auswahl optimaler Wertpapier-Portefeuilles gibt. Das Modell geht hierbei von der Annahme *risikoscheuer* Anleger aus, die einen gegebenen Kapitalbetrag in Wertpapieren anlegen, um eine - in Kursgewinnen und Dividenden gemessene - Rendite zu erzielen.

Exkurs: Wertpapierrendite

Die Rendite r_t eines Wertpapiers in einer bestimmten Anlageperiode t ergibt sich als Differenz zwischen dem Kurs am Ende der Periode W_t und am Anfang der Periode W_{t-1}, zuzüglich eventuell erfolgter Zins- und Dividendenzahlungen D_t:

$$r_t = \frac{(W_t - W_{t-1}) + D_t}{W_{t-1}} \cdot 100$$

Folgende Tabelle weist beispielhafte Kursentwicklungen (in EURO) der Wertpapiere A und B vergangener Jahre aus. Aus Vereinfachungsgründen wird davon ausgegangen, dass in diesen Werten bereits Dividendenzahlungen enthalten sind.

Jahr	Wertpapier A		Rendite in %	Wertpapier B		Rendite in %
	Kurs Jahresbeginn	Kurs Jahresende		Kurs Jahresbeginn	Kurs Jahresende	
2003	40,0	46,0	**15**	60,0	78,0	**30**
2004	46,0	48,3	**5**	78,0	85,8	**10**
2005	48,3	45,9	**-5**	85,8	77,2	**-10**
2006	45,9	57,4	**25**	77,2	115,8	**50**
2007	57,4	63,1	**10**	115,8	139,0	**20**

Nach der oben angegebenen Formel ergibt sich exemplarisch eine Rendite des Wertpapiers A im Jahr 2003 in Höhe von 15%:

$$r_{A01} = \frac{(46-40)}{40} \cdot 100 = 15\ \%$$

Weitere zentrale Modellprämissen sind (vgl. Kappler/Rehkugler 1991, S. 955):

- Es existiert ein vollkommener Kapitalmarkt bei Unsicherheit, auf dem der Wertpapierhandel nicht durch Transaktionskosten, Steuern oder sonstige Kapitalmarktbeschränkungen eingeschränkt wird.

- Die Menge der am Markt gehandelten Wertpapiere ist gegeben; jedes Wertpapier ist beliebig teilbar.
- Die Kapitalanlage erfolgt i.R. eines Ein-Perioden-Modells; der Kauf von Wertpapieren erfolgt im Zeitpunkt t = 0, der Verkauf im Zeitpunkt t= 1. Diskontierungs- und Wiederanlageprobleme spielen daher keine Rolle.
- Die risikoscheuen Anleger handeln rational, d.h. sie sind bestrebt, den erwarteten Nutzen ihres Vermögens am Periodenende zu maximieren.

Das Entscheidungsmodell der Portefeuille-Theorie nimmt nun seinen Ausgangspunkt bei der Tatsache, dass die mit der Anlageentscheidung verbundenen (zukünftigen) Renditen für den Investor (zum Entscheidungszeitpunkt) unsichere Größen darstellen. Da die zu prognostizierenden Renditen nicht (mit Sicherheit) aus der Vergangenheit abgeleitet werden können, stellen sie die Zufallsvariablen des Modells dar, die mit bestimmten Wahrscheinlichkeiten unterschiedliche Ausprägungen annehmen. Welche Rendite tatsächlich realisiert werden kann, hängt vom eintretenden Umweltzustand z_j und dessen Eintrittswahrscheinlichkeit p_j ab.

Auswahlentscheidungen beim Wertpapierkauf sind grundsätzlich bestimmt durch den Erwartungswert der Rendite μ und das durch die Standardabweichung σ (Streuung der Renditen um den Erwartungswert) gemessene *Risiko* der Anlage. Je höher die Standardabweichung ist, desto größer ist die Streuung der Zufallsvariable „Rendite" um ihren Mittelwert und damit das Risiko der Anlagealternative.

Für den Erwartungswert μ_i und die Standardabweichung σ_i einer Wahrscheinlichkeitsverteilung gelten die bereits aus Kapitel 4.2 bekannten Formel (die Ergebnisse e_{ij} entsprechen hier den Renditen r_{ij}):

$$\mu_i = \sum_{j=1}^{n} r_{ij} \cdot p_j \qquad \text{und} \qquad \sigma_i^2 = \sum_{i=1}^{n} (r_{ij} - \mu_i)^2 \cdot p_j \quad mit \quad \sigma_i = \sqrt{\sigma_i^2}$$

Im Rahmen der Portefeuille-Theorie wird angenommen, dass die risikoscheuen Investoren ihre Anlagealternativen auf Basis des **(μ,σ)-Prinzip** als kombiniertes Erwartungswert-Risikokriterium beurteilen. Wie bereits behandelt kommt bei der Anwendung des (μ,σ)-Prinzips *risikoscheues* Verhalten durch eine negative Gewichtung des Risikos zum Ausdruck: ein Anleger wählt bei gleicher erwarteter Rendite die Anlage mit dem geringsten Risiko (d.h. der geringsten Streuung) aus. Umgekehrt entscheidet sich ein risikoscheuer Anleger bei gleichem Anlagerisiko (d.h. bei gleicher Streuung) für diejenige Alternative mit der höchsten erwarteten Rendite. Die Präferenz- bzw. Zielfunktion eines Anlegers kann nun durch die Anwendung einer konkreten (μ,σ)-Regel spezifiziert werden, worauf später noch eingegangen wird.

Neben der erwarteten Rendite eines einzelnen Wertpapiers und dessen Risiko interessiert sich die Portefeuille-Theorie insbesondere für die Rendite und das Risiko eines aus verschiedenen Wertpapieren zusammengesetzten **Portefeuilles**.

Die zentrale Aussage des Modells der Wertpapiermischung ist den folgenden Überlegungen vorangestellt und lautet:

> Durch die Mischung von riskanten Wertpapieren in einem Portefeuille kann das Anlagerisiko im Vergleich zu den Einzelrisiken der Wertpapiere u.U. erheblich reduziert werden (Diversifikationseffekt). Die Stärke dieses Effektes ist abhängig davon, in welchem Maß die Renditen der Aktien miteinander korrelieren. Im Unterschied hierzu entspricht die Rendite eines Wertpapierportefeuilles stets dem gewogenen arithmetischen Mittel der enthaltenen Wertpapierrenditen.

Folgendes Beispiel illustriert diese Aussage an einem einfachen Fall mit zwei Wertpapieren. Die hieraus gewonnenen Erkenntnisse lassen sich dann auf komplexere Entscheidungssituationen übertragen:

Beispiel 4.7 (a): (nach Bitz 1981, S. 110 ff.)

Ein Investor möchte im Jahr 2009 einen gegebenen Kapitalbetrag für die Dauer einer Periode vollständig in riskanten Wertpapieren anlegen. Als Anlagemöglichkeit stehen die beiden Wertpapiere A und B zur Auswahl, deren Renditen r_A und r_B unsicher sind (zur Vereinfachung der Schreibweise wird auf eine explizite Kennzeichnung als Zufallsvariable verzichtet). Die Höhe der jeweiligen Renditen ist abhängig von alternativen Marktentwicklungen (Umweltzustände z_j), deren Eintritt im Beispiel als gleich wahrscheinlich (Wahrscheinlichkeiten p_j) angenommen werden.

	z_1	z_2	z_3	z_4	z_5
Rendite r_A	15	5	-5	25	10
Rendite r_B	30	10	-10	50	20
p_j	0,2	0,2	0,2	0,2	0,2

Für den Erwartungswert und die Standardabweichung der jeweiligen Wertpapiere folgt hieraus:

<u>Wertpapier A</u>:

$$\mu_A = 0{,}2 \cdot 15 + 0{,}2 \cdot 5 + 0{,}2 \cdot (-5) + 0{,}2 \cdot 25 + 0{,}2 \cdot 10 = 10\%$$

$$\sigma_A^2 = (15-10)^2 \cdot 0{,}2 + (5-10)^2 5 \cdot 0{,}2 + (-5-10)^2 \cdot 0{,}2 + (25-10)^2 \cdot 0{,}2 + 0 = 100$$

$$\sigma_A = 10\%$$

<u>Wertpapier B</u>:

$$\mu_B = 20\%; \quad \sigma_B = 20\%$$

Hinweis: Die jeweilige Übereinstimmung der erwarteten Wertpapierrendite mit dem Wertpapierrisiko ergibt sich nur aufgrund der gewählten Beispieldaten.

Bei isolierter Betrachtung der Wertpapiere dominiert im Beispiel keines der beiden Wertpapiere im Sinne des (μ,σ)-Prinzips. Wertpapier B weist zwar eine höhere Rendite als Wertpapier A auf, es muss allerdings hierfür auch ein höheres Risiko in Kauf genommen werden. Abbildung 4.3 bildet diesen Sachverhalt ab und gibt mit der schraffierten Fläche exemplarisch den Dominanzbereich für Wertpapier B an.

Angelehnt an Literaturdarstellungen wird in den Abbildungen *dieses* Kapitels der Ertrag auf der Ordinate und die Standardabweichung auf der Abzisse abgetragen (Schierenbeck 2003; Perridon/Steiner 2004).

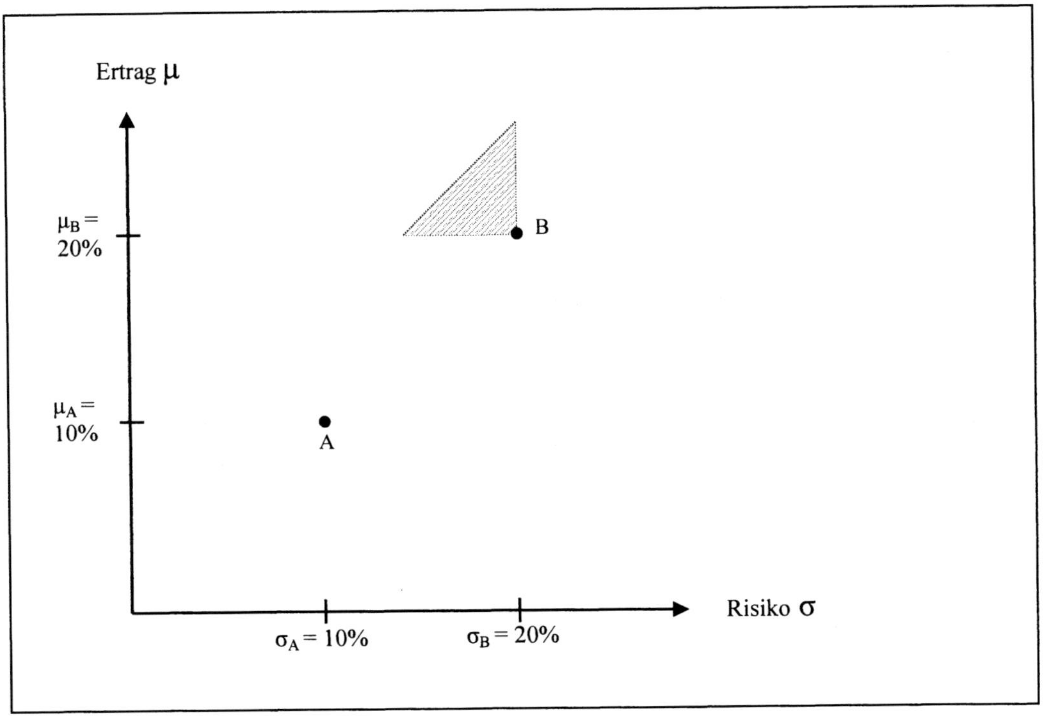

Abb. 4.3: μ-σ - Diagramm

Nach der Portfoliotheorie stellt die Kapitalanlage ausschließlich in einem Wertpapier lediglich einen Grenzfall dar. Es interessiert vielmehr die Frage, wie sich die erwartete Rendite und das Risiko entwickeln, wenn Wertpapiere in einem Portefeuille gemischt werden.

Bezogen auf den Erwartungswert der Rendite eines aus verschiedenen Wertpapieren i bestehenden Portefeuilles p kann die Frage einfach beantwortet werden: die erwartete Gesamtrendite μ_p eines solchen Portefeuilles entspricht dem mit ihren Portefeuille-Anteilen x_i gewichteten arithmetischen Mittel der enthaltenen Wertpapierrenditen.

Für einfache Verweismöglichkeiten bei späteren Berechnungen werden die maßgeblichen Formeln im Folgenden nummeriert.

Im Zwei-Wertpapier-Fall gilt:

$$\begin{aligned} \mu_p(A,B) &= \sum_{j=1}^{n} (x_A \cdot r_{Aj} + x_B \cdot r_{Bj}) \cdot p_j \\ &= \sum_{j=1}^{n} x_A \cdot r_{Aj} \cdot p_j + \sum_{j=1}^{n} x_B \cdot r_{Bj} \cdot p_j \\ &= x_A \cdot \mu_A + x_B \cdot \mu_B \end{aligned} \tag{1}$$

Eine zentrale Erkenntnis der Portfoliotheorie ist, dass das Risiko des Portefeuilles (σ_p^2) in der Regel **nicht** dem Durchschnittsrisiko der im Portefeuille gehaltenen Wertpapiere entspricht (siehe hierzu die Beispielrechnung unten).

Das Portefeuillerisiko hängt nicht nur von den Varianzen bzw. Standardabweichungen der einzelnen Wertpapierrenditen ab, sondern wird zusätzlich auch von deren Kovarianz cov (r_A, r_B) im Portefeuille bestimmt:

$$\sigma_p^2(A,B) = x_A^2 \cdot \sigma_A^2 + x_B^2 \cdot \sigma_B^2 + 2 \cdot x_A \cdot x_B \cdot \text{cov}(r_A, r_B) \tag{2}$$

Die Kovarianz ist ein Maß für die Stärke des Zusammenhangs der Renditen und zeigt auf, ob sich die Renditen bei veränderten Umweltlagen in die gleiche Richtung (positive Kovarianz) oder entgegengesetzt (negative Kovarianz) bewegen:

$$\begin{aligned} \text{cov}(r_A, r_B) &= \sum_{j=1}^{n} (r_{Aj} - \mu_A) \cdot (r_{Bj} - \mu_B) \cdot p_j \\ &= \sum_{j=1}^{n} r_{Aj} \cdot r_{Bj} \cdot p_j - \mu_A \cdot \mu_B \end{aligned} \tag{3}$$

Die Höhe der Kovarianz gibt die Stärke des Renditezusammenhangs an. Die Kovarianz stellt aber eine nicht normierte (absolute) Größe dar, so dass eine Aussage über die stochastische Abhängigkeit der Renditen anhand der Kovarianz wenig anschaulich ist.

Anstelle der Kovarianz verwendet man daher häufig den auf den (dimensionslosen) Wertbereich von + 1 bis – 1 normierten Korrelationskoeffizienten (ρ). Bei dem Korrelationskoeffizienten handelt es sich im Unterschied zur absoluten Kovarianz um eine relative Größe, wodurch die Korrelation leichter interpretiert werden kann. Die Formel für den Korrelationskoeffizienten ergibt sich zu:

$$\rho(r_A, r_B) = \frac{\operatorname{cov}(r_A, r_B)}{\sigma_A \cdot \sigma_B} \qquad (4)$$

Der Korrelationskoeffizient misst somit ebenfalls die Abhängigkeit zweier Wertpapierrenditen, erlangt gegenüber der Kovarianz aber durch die Normierung die größere Aussagekraft hinsichtlich des Ausmaßes, wie stark die Zufallsschwankungen der einzelnen Renditen

- gleichgerichtet ($\rho_{A,B} \rightarrow +1$) oder
- entgegengesetzt ($\rho_{A,B} \rightarrow -1$) verlaufen bzw.
- ob sie weitgehend voneinander unabhängig sind ($\rho_{A,B} \rightarrow \pm 0$).

Im Fall $\rho_{A,B} = 1$ sind die Renditen r_A und r_B der beiden Wertpapiere vollständig *positiv korreliert*, das heißt, die Bewegung der betrachteten Größen ist gleichgerichtet. Zwischen den Renditen besteht der lineare Zusammenhang $r_B = a + b \cdot r_A$ mit b>0, so dass bei jeder Erhöhung (Senkung) von r_A um eine Einheit der Wert von r_B um b Einheiten steigt (sinkt).

Ist $\rho_{A,B} = 0$ sind die Renditen *unkorreliert*, das heißt, sie reagieren auf das Eintreten einer bestimmten Umweltlage vollständig unabhängig voneinander.

Bei $\rho_{A,B} = -1$ sind die Wertpapierrenditen r_A und r_B vollständig *negativ korreliert*, das heißt, die entprechenden Werte bewegen sich gegenläufig. Formal gilt $r_B = a + b \cdot r_A$ mit b<0. Bei einer Erhöhung (Senkung) von r_A um eine Einheit reduziert sich (steigt) somit der Wert von r_B um b Einheiten.

Bei Ausprägungen des Korrelationskoeffizienten zwischen diesen Grenzwerten ist die positive bzw. negative Korreliertheit nur unvollständig ausgeprägt.

Ersetzt man nun die Kovarianz in Formel (2) durch den Korrelationskoeffizienten gemäß Gleichung (4), ergibt sich folgender Zusammenhang:

$$\sigma_p^2(A,B) = x_A^2 \cdot \sigma_A^2 + x_B^2 \cdot \sigma_B^2 + 2 \cdot x_A \cdot x_B \cdot \sigma_A \cdot \sigma_B \cdot \rho_{A,B} \qquad (5)$$

Mit unterschiedlicher Ausprägung des Korrelationskoeffizienten ist ein differenziertes Portefeuille-Risiko (σ_p^2 bzw. σ_p) verbunden: das Portfolio-Risiko wird durch die Korrelation der Renditen beeinflusst und entspricht im betrachteten Zwei-Wertpapier-Fall nur im theoretischen Fall vollständiger positiver Korrelation der Wertpapierrenditen (also für $\rho_{A,B} = +1$) dem gewogenen Durchschnitt der Einzelrisiken der beiden Aktien. Bei allen anderen Werten des Korrelationskoeffizienten tritt eine risikomindernde Wirkung der Diversifikation ein: bei jedem Korrelationskoeffizienten $\rho_{A,B} < +1$, führt die Mischung der Wertpapiere in einem Portefeuille zu einer Risikoreduzierung, die umso stärker wird, je mehr sich der Korrelationskoeffizient dem Wert -1 annähert. Im Grenzfall, bei dem die Renditen beider Aktien vollständig negativ korreliert sind (also für $\rho_{A,B} = -1$), könnte das Risiko des Portfolios sogar vollkommen wegdiversifiziert werden.

Als Ergebnis ist festzuhalten:

- Der Erwartungswert der Portefeuillerendite entspricht dem mit den Portefeuille-Anteilen gewogenen Mittel der Renditen der einzelnen Wertpapiere im Portefeuille. Der erwartete Ertrag des Portefeuilles entspricht somit dem Durchschnittsertrag der Wertpapiere im Portefeuille.

- Die Standardabweichung der Rendite eines Portefeuilles ist außer im Extremfall vollständiger positiver Korrelation zwischen den Wertpapierrenditen stets kleiner als das mit den Portefeuilleanteilen gewogene Mittel der Standardabweichungen der einzelnen Wertpapiere im Portefeuille. Das Portefeuillerisiko ist somit kleiner als das Durchschnittsrisiko der Wertpapiere im Portefeuille.

Die Fortführung des obigen Beispiels demonstriert, welche Implikationen es mit sich bringt, dass das Portefeuille-Risiko nicht nur von den Standardabweichungen der einzelnen Wertpapierrenditen abhängt, sondern auch durch die Stärke und Richtung des Zusammenhangs der Einzelrenditen im Portefeuille beeinflusst wird. Nachfolgende Übersicht fasst die relevanten Ausgangsdaten nochmals zusammen:

Beispiel 4.7 (b):

	z_1	z_2	z_3	z_4	z_5
Rendite r_A	15	5	-5	25	10
Rendite r_B	30	10	-10	50	20
p_j	0,2	0,2	0,2	0,2	0,2

	Erwartungswert der Rendite	Standardabweichung der Rendite
Wertpapier A	10%	10%
Wertpapier B	20%	20%

Fall 1: Vollständige positive Korrelation ($\rho_{A,B} = +1$)

Zunächst kann anhand der Formeln (3) und (4) einfach nachgewiesen werden, dass dieser Fall im Beispiel vorliegt.

$$\operatorname{cov}(r_A, r_B) = 1/5 \cdot (450 + 50 + 50 + 1.250 + 200) - 200 = 200 \quad \text{und}$$

$$\rho_{A,B} = \frac{200}{10 \cdot 20} = +1$$

Sind zwei Wertpapiere zu 100 % positiv korreliert, vereinfacht sich Formel (5) zu

$$\sigma_p^2(A,B) = (x_A \cdot \sigma_A + x_B \cdot \sigma_B)^2 \qquad \text{bzw.} \tag{6}$$

$$\sigma_p(A,B) = x_A \cdot \sigma_A + x_B \cdot \sigma_B \tag{7}$$

mit x_A bzw. x_B = Anteil an Wertpapier A bzw. B.

Da für zulässige Portfolios $\sum_i x_i = 1$ gelten muss, kann im Zwei-Anlagen-Fall auch x_B durch $(1 - x_A)$ ersetzt werden:

$$\sigma_p(A,B) = x_A \cdot \sigma_A + (1 - x_A) \cdot \sigma_B \tag{8}$$

Für ausgewählte Portefeuilles, die zu unterschiedlichen Anteilen aus den beiden Wertpapieren gemischt werden, ergeben sich folgende Rendite-Risiko-Kombinationen:

x_A	0	0,2	0,4	0,5	0,6	0,8	1,0
μ_p	20,0	18,0	16,0	15,0	14,0	12,0	10,0
σ_p	20,0	18,0	16,0	15,0	14,0	12,0	10,0

Durch Diversifikation kann keine Verringerung des Risikos gegenüber der Investition in nur eines der beiden Wertpapiere erzielt werden. Die Standardabweichung der Portefeuille-Rendite ergibt sich als gewichteter Durchschnitt der Standardabweichungen der einzelnen Wertpapiere.

Fall 2: Vollständige negative Korrelation ($\rho_{A,B} = -1$)

Dieser Fall kann durch Modifikation der Verteilung der r_B-Renditen nachgebildet werden:

	z_1	z_2	z_3	z_4	z_5
Rendite r_A	15	5	-5	25	10
Rendite r_B	10	30	50	-10	20
p_j	0,2	0,2	0,2	0,2	0,2

Für die Kovarianz ergibt sich cov (r_A, r_B) = -200 und damit $\rho_{A,B} = -1$.

In diesem Fall folgt aus Formel (5) sofort

$$\begin{aligned} \sigma_p^2(A,B) &= x_A^2 \cdot \sigma_A^2 + x_B^2 \cdot \sigma_B^2 - 2 \cdot x_A \cdot x_B \cdot \sigma_A \cdot \sigma_B \\ &= (x_A \cdot \sigma_A - x_B \cdot \sigma_B)^2 \end{aligned} \tag{9}$$

und damit

$$\sigma_p(A,B) = \pm\,(x_A \cdot \sigma_A - x_B \cdot \sigma_B) \qquad \text{bzw.}$$

$$\sigma_p(A,B) = \left|\, x_A \cdot \sigma_A - x_B \cdot \sigma_B \,\right|,$$

da die Standardabweichung ausschließlich im Bereich nichtnegativer Werte definiert ist.

Nach Substitution von x_B durch $(1 - x_A)$ erhält man:

$$\sigma_p(A,B) = \left| \; x_A \cdot \sigma_A - (1 - x_A) \cdot \sigma_B \; \right| \tag{10}$$

Bei Variation der Portfolio-Anteile erhält man bei einem Korrelationskoeffizienten $\rho_{A,B} = -1$ folgende exemplarische Werte für die Portfolio-Rendite bzw. das Portfolio-Risiko:

x_A	0	0,2	0,4	0,5	0,6	0,8	1,0
μ_p	20,0	18,0	16,0	15,0	14,0	12,0	10,0
σ_p	20,0	14,0	8,0	5,0	2,0	4,0	10,0

Die Renditen der diversifizierten Wertpapiere verhalten sich vollständig gegenläufig. Durch Diversifikation lässt sich das Risiko im Vergleich zum Einzelrisiko bei Anlage in nur eine Wertpapierart verringern.

Werden die Wertpapiere in einem ganz bestimmten Verhältnis gemischt, kann sogar das Risiko vollständig eliminiert werden:

Aus

$\sigma_p(A,B) = \pm\,(x_A \cdot \sigma_A - x_B \cdot \sigma_B)$ folgt:

$\sigma_p(A,B) = 0$ genau dann, wenn

$x_A \cdot \sigma_A = x_B \cdot \sigma_B$ bzw. $x_A \cdot \sigma_A = (1 - x_A) \cdot \sigma_B$

Nach einigen Umformungen erhält man:

$$x_A = \frac{\sigma_B}{\sigma_A + \sigma_B} \quad \text{und} \quad x_B = \frac{\sigma_A}{\sigma_A + \sigma_B}.$$

Im vorliegenden Beispiel ergibt sich ein solches „risikofreies" Portefeuille ($\sigma_p = 0$) bei einer Wertpapiermischung im Verhältnis: $x_A = 2/3$ zu $x_B = 1/3$. Die (gerundete) Rendite des Portefeuilles beträgt: $\mu_p = 13{,}3$ %.

Fall 3: Keinerlei Korrelation ($\rho_{A,B} = 0$)

Modifiziert man im Ausgangsbeispiel nochmals die Verteilung der r_B-Renditen lässt sich der Fall der statistischen Unabhängigkeit in nachfolgendem Tableau darstellen:

	z_1	z_2	z_3	z_4	z_5
Rendite r_A	15	5	-5	25	10
Rendite r_B	-10	50	10	30	20
p_j	0,2	0,2	0,2	0,2	0,2

Für Kovarianz und Korrelationskoeffizient ergibt sich ein Wert von Null, wie leicht anhand oben angegebenen Formeln (II.9) und (II.10) überprüft werden kann.

Für die Varianz und Standardabweichung folgt für $\rho_{A,B} = 0$ aus Formel (5)

$$\sigma_p^2(A,B) = x_A^2 \cdot \sigma_A^2 + x_B^2 \cdot \sigma_B^2 \quad \text{bzw.} \quad \sigma_p^2(A,B) = x_A^2 \cdot \sigma_A^2 + (1-x_A)^2 \cdot \sigma_B^2 \qquad (11)$$

und

$$\sigma_p(A,B) = \sqrt{x_A^2 \cdot \sigma_A^2 + x_B^2 \cdot \sigma_B^2} \quad \text{bzw.} \quad \sigma_p(A,B) = \sqrt{x_A^2 \cdot \sigma_A^2 + (1-x_A)^2 \cdot \sigma_B^2} \qquad (12)$$

Für die ausgewählten Portfoliozusammensetzungen aus den beiden Wertpapieren errechnen sich folgende Rendite-Risiko-Kombinationen:

x_A	**0**	**0,2**	**0,4**	**0,5**	**0,6**	**0,8**	**1,0**
μ_p	20,0	18,0	16,0	15,0	14,0	12,0	10,0
σ_p	20,0	16,1	12,6	11,2	10,0	8,9	10,0

Auch im Fall, dass keinerlei Korrelation zwischen den Wertpapieren vorliegt, zeigt sich, dass die Mischung der Wertpapiere eine Verringerung des Risikos im Vergleich zur Einzelanlage mit sich bringt.

Die dargestellten Zusammenhänge können in einem μ-σ-Diagramm veranschaulicht werden, wobei folgende Überlegungen zugrunde gelegt werden (vgl. Bitz 1981, S. 120 ff.):

- Ein Portefeuille im Zwei-Wertpapier-Fall ist bereits durch die Angaben von x_A exakt definiert.
- Ist der Korrelationskoeffizient gegeben, können jedem gemischten Portefeuille ($x_A \in [0,1]$) gemäß Formel (1) und (5) eindeutige μ- und σ-Werte zugeordnet werden.
- Durch Variation der x_A-Werte zwischen 0 und 1 erhält man eine Folge von μ-σ-Kombinationen, die sich als so genannte Portefeuillelinien darstellen lassen.

Anhand der Beispieldaten lässt sich dies wie folgt illustrieren:

Im Beispiel folgt aus Formel (1): $\mu_p(A,B) = 10x_A + 20 \cdot (1 - x_B) = 20 - 10x_A$

Für alternative Korrelationskoeffizienten ergeben sich für die Standardabweichungen:

$$\rho_{A,B} = 1 \quad \rightarrow \quad \sigma_p(A,B) = 10x_A + 20 \cdot (1 - x_B) = 20 - 10x_A$$
$$\rho_{A,B} = 0 \quad \rightarrow \quad \sigma_p(A,B) = \sqrt{100x_A^2 + 400 \cdot (1 - x_A)^2}$$
$$\rho_{A,B} = -1 \quad \rightarrow \quad \sigma_p(A,B) = \left| \, 10x_A - 20 \cdot (1 - x_A) \, \right|$$

Werden die x_A-Werte variiert, lassen sich nun die entsprechenden μ-σ-Kombinationen ermitteln und im μ-σ-Diagramm darstellen.

Es ist ferner möglich, den funktionalen Zusammenhang zwischen σ_p und μ_p über die Rendite- (1) und Varianzformel (5) direkt herzustellen (x_B wird hierbei wieder durch $1-x_A$ ersetzt):

$$\mu_p(A,B) = x_A \cdot \mu_A + (1 - x_A) \cdot \mu_B \tag{1'}$$
$$\sigma_p^2(A,B) = x_A^2 \cdot \sigma_A^2 + (1 - x_A)^2 \cdot \sigma_B^2 + 2 \cdot x_A \cdot (1 - x_A) \cdot \sigma_A \cdot \sigma_B \cdot \rho_{A,B} \tag{5'}$$

Sofern wie im Beispiel die Erwartungswerte der Rendite (μ_i) und deren Varianzen (σ_i) bekannt sowie der Korrelationskoeffizient zwischen den Wertpapieren ($\rho_{A,B}$) festgestellt sind, ist lediglich der Portefeuilleanteil von Wertpapier A (x_A) unbekannt. Löst man die Renditerelation nach x_A auf und setzt den Ausdruck in die Varianzgleichung ein, erhält man die Gleichung für die Portefeuillelinie.

Folgende Rechnung zeigt die Vorgehensweise auf Basis der Beispieldaten:

1. Schritt: Auflösung von (1′) nach x_A

$$\mu_p = x_A \cdot \mu_A + (1 - x_A) \cdot \mu_B$$
$$= x_A \cdot \mu_A + \mu_B - x_A \cdot \mu_B$$
$$= x_A \cdot (\mu_A - \mu_B) + \mu_B$$

Daraus folgt: $x_A = \dfrac{\mu_p - \mu_B}{\mu_A - \mu_B}$ bzw. $x_A = \dfrac{\mu_p - 20}{-10}$

2. Schritt: Einsetzen von x_A in (5′)

$$\sigma_p^2 = \left(\frac{\mu_p - 20}{-10}\right)^2 10^2 + \left(1 - \frac{\mu_p - 20}{-10}\right)^2 20^2 + 2 \cdot \left(\frac{\mu_p - 20}{-10}\right) \cdot \left(1 - \frac{\mu_p - 20}{-10}\right) \cdot 200 \cdot \rho_{A,B}$$

Nach einigen Rechenschritten erhält man

$$\sigma_p^2 = (\mu_p - 20)^2 + \left(400 + 80 \cdot (\mu_p - 20) + 4 \cdot (\mu_p - 20)^2\right) +$$
$$400 \cdot \left(\left(\frac{\mu_p - 20}{-10}\right) - \left(\frac{\mu_p - 20}{-10}\right)^2\right) \cdot \rho_{A,B}$$

und schließlich

$$\sigma_p^2 = 5 \cdot (\mu_p - 20)^2 + 80 \cdot (\mu_p - 20) + 400 - \left(40 \cdot (\mu_p - 20) + 4 \cdot (\mu_p - 20)^2\right) \cdot \rho_{A,B}$$

Setzt man in diese Gleichung die Korrelationskoeffizienten des Beispiels ein, erhält man drei verschiedene Gleichungen für die Portefeuillelinien (der Leser ist aufgefordert, die wenigen Rechenschritte selbst durchzuführen):

$\rho_{A,B} = 1: \quad \sigma_p = \mu_p$

$\rho_{A,B} = 0: \quad \sigma_p = \sqrt{5\mu_p^{\,2} - 120\mu_p + 800}$

$\rho_{A,B} = -1: \quad \sigma_p = \left| 3\mu_p - 40 \right|$

Die drei in Abb. 4.4 skizzierten Kurvenzüge veranschaulichen den Zusammenhang zwischen Risiko und Rendite in Abhängigkeit vom Korrelationskoeffizienten für den behandelten Zwei-Wertpapier-Fall. Dargestellt sind die Auswirkungen der markanten Korrelationsfaktoren $\rho_{A,B} = -1$, $\rho_{A,B} = 0$ und $\rho_{A,B} = +1$ auf die verschiedenen Rendite-/Risikopositionen, die durch Portefeuillebildung aus den beiden betrachteten Wertpapieren A und B generiert werden können (eine erweiterte Darstellung mit $\rho_{A,B} = -0{,}5$ und $\rho_{A,B} = +0{,}5$ für den allgemeinen Zwei-Wertpapier-Fall liefert z.B. Schierenbeck 2003, S. 397):

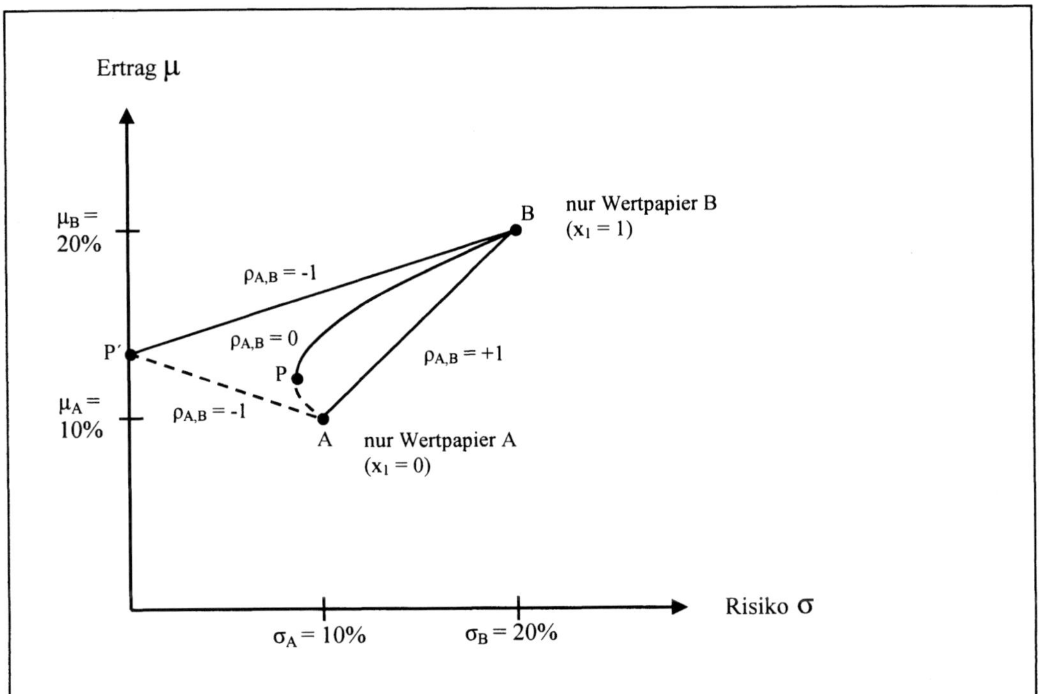

Abb. 4.4: Risiko-, Renditekombinationen im Zwei-Wertpapier-Fall

Die Verbindungslinien zwischen A und B stellen mögliche Rendite-Risiko-Relationen eines aus den Wertpapieren A und B bestehenden Portefeuilles bei alternativen Korrelationskoeffizienten dar. Sobald die Renditen der Wertpapiere nicht vollständig positiv korreliert sind, ist somit Diversifikation grundsätzlich sinnvoll. Die risikomindernde Wirkung der Diversifikation wird umso größer, je mehr der Korrelationskoeffizient sich dem Wert -1 annähert. Allerdings entsprechen nicht alle denkbaren Mischungsverhältnisse den Anforderungen der risikoscheuen Investoren, die ihre Anlageentscheidung auf Basis des (μ,σ) - Prinzips fällen.

Man unterscheidet in der Portefeuille-Theorie allgemein zwischen **zulässigen, effizienten** und **optimalen** Portefeuilles (vgl. Perridon/Steiner 2004, S. 268 f.).

Die Zusammenhänge lassen sich illustrieren, indem für einen bestimmten Korrelationskoeffizienten die zugehörige Portefeuille-Linie abgebildet wird. Abbildung 4.5 zeigt auf Basis der Beispieldaten (mit: μ_A= 10%; σ_A= 10% und μ_B= 20%; σ_B= 20%) exemplarisch zulässige und effiziente Portefeuilles für eine (angenommene) gemilderte negative Korrelation der Wertpapierrenditen ($\rho_{A,B}$ = -0,5).

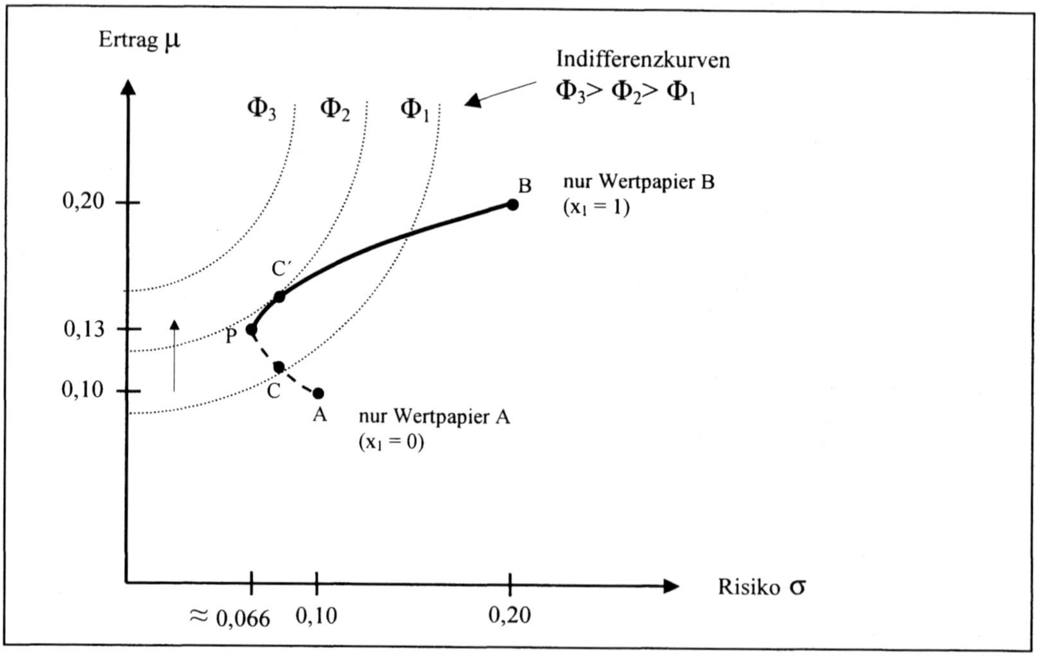

Abb. 4.5: Zulässige und effiziente Portefeuille ($\rho_{A,B}$ = -0,5)

Zulässig sind solche Wertpapiermischungen, die aufgrund der Marktsituation und unter Berücksichtigung eines vorgegebenen Anlagebetrages realisierbar sind. Im Zwei-Wertpapier-Fall liegen alle *zulässigen* Portefeuilles in Abb. 4.5 auf der Verbindungslinie $\overline{BA}$.

Die Abbildung lässt erkennen, dass das Risiko ausgehend vom Punkt B (nur Wertpapiere B) durch Beimischung von A-Wertpapieren sinkt. Die Verminderung des Risikos ist allerdings mit einem Renditeverlust verbunden. Dieser Zusammenhang setzt sich durch weitere Beimischung von A-Wertpapieren bis zum Punkt P fort, der im Beispielfall ein Portefeuille mit einem Mischungsverhältnis x_A: x_B von ca. 70:30 repräsentiert:

Eine weitere Zunahme von A-Anteilen am Gesamtportefeuille führt nun wieder zu einem steigenden Portefeuillerisiko, allerdings ohne dass die Portefeuille-Rendite ansteigt (siehe z.B. Punkt C in Abb. 4.5).

Portefeuilles werden als *effizient* (bzw. risikoeffizient) bezeichnet, wenn es kein anderes Portefeuille gibt, das entweder

- bei gleicher Rendite ein niedrigeres Risiko oder
- bei gleichem Risiko eine höhere Rendite oder
- bei niedrigerem Risiko eine höhere Rendite

aufweist. Anders formuliert: ein Portefeuille ist effizient, wenn es von keinem anderen Portefeuille hinsichtlich Risiko und Rendite dominiert wird.

In Abbildung 4.5 liegen alle effizienten Portefeuilles auf der gezeichneten Linie BC′P, die als **Effizienzlinie** (oder auch als risikoeffiziente Linie bzw. Kurve) bezeichnet wird.

Der gestrichelte Teil der Portefeuille-Linie markiert ineffiziente Wertpapiermischungen, die von den effizienten dominiert werden. Dies wird anschaulich klar, wenn man exemplarisch die hervorgehobenen Portefeuilles C und C′ betrachtet: das Portefeuille C′ weist bei gleichem Risiko eine höhere Rendite als das Portefeuille C auf. Rational handelnde risikoscheue Anleger würden daher eindeutig das dominante Portefeuille C′ präferieren.

Analog weist jede andere Portefeuille-Linie mit einem Korrelationskoeffizienten $\rho_{A,B} < 1$ einen Anteil ineffizienter Wertpapiermischungen auf. Beispielsweise sind bei einem Korrelationskoeffizienten $\rho_{A,B} = -1$ die in Abbildung 4.5 dargestellten Portefeuilles auf der gestrichelten Strecke zwischen P′und A ineffizient, da jeweils ein Portefeuille auf der durchgezogenen Strecke zwischen P′und B existiert, das bei gleich hohem Risiko eine höhere (erwartete) Rendite aufweist.

Welcher konkrete Punkt auf der Effizienzkurve das *optimale* Portefeuille repräsentiert, ist abhängig vom Grad der Risikoaversion des Anlegers. Das bedeutet, dem Investor muss die spezifische Präferenzfunktion (Zielfunktion) bekannt sein, die seine individuelle Risikoeinstellung charakterisiert.

Eine solche Präferenzfunktion kann beispielsweise durch das μ,σ-Prinzip in der Form

$$\Phi(\mu_i, \sigma_i) = \mu_i - \alpha \cdot \sigma_i^2 \qquad (13)$$

beschrieben werden (vgl. Bitz 1981, S. 146).

Der (vorzugebende) Parameter α bringt - wie in Kapitel 4.2 beschrieben - die spezifische Risikoeinstellung des Entscheidungsträgers zum Ausdruck. Ein $\alpha > 0$ weist auf Risikoscheu des Anlegers hin, die dadurch charakterisiert ist, dass der Präferenzwert bei gegebenem Ertrag sinkt, wenn die Streuung zunimmt: zusätzliches Risiko wird somit negativ bewertet.

Auf Basis der Präferenzfunktion kann die modellmäßige Bestimmung des individuellen Optimalportefeuilles erfolgen. Wie bereits bekannt ist, beschreibt eine Indifferenzlinie alle μ,σ-Kombinationen, die jeweils zu dem gleichen Präferenzwert Φ führen. Bei Risikoscheu besitzen diese Indifferenzlinien (aufgrund der hier vorgenommenen Achsenzuordnung) eine positive Steigung, da der risikoscheue Anleger ein wachsendes Risiko nur dann in Kauf nimmt, wenn die zu erwartende Rendite ebenfalls zunimmt.

Die Funktionsvorschrift der jeweils zu einer Präferenzfunktion gehörenden Indifferenzlinie erhält man, indem die Präferenzfunktion $\Phi(\mu,\sigma)$ nach σ bzw. μ aufgelöst und bestimmte Präferenz- bzw. Nutzenwerte für Φ vorgegeben werden. Jede Indifferenzlinie repräsentiert somit ein bestimmtes Nutzenniveau, das durch unterschiedliche μ,σ-Kombinationen erreicht werden kann und dessen Höhe - aufgrund der hier gewählten Darstellungsform - zunimmt, je weiter oben die Indifferenzkurve im μ,σ-Diagramm verläuft.

Das Portefeuille, das den höchsten Nutzenwert erzielt, wird als *optimales* Portefeuille bezeichnet. Es ergibt sich im Tangentialpunkt von (hier: konvexer) Indifferenzlinie und (hier: konkaver) Effizienzlinie.

In Abbildung 4.5 sind drei Indifferenzlinien eingezeichnet, die jeweils einem bestimmten Präferenzwert Φ_1 bis Φ_3 entsprechen. Der Pfeil gibt hierbei die Richtung aufsteigender

Präferenz bzw. Nutzenhöhe an. Der *höchstmögliche* Nutzenwert wird im Tangentialpunkt C′ erzielt, d.h. bei der im Beispiel angenommenen Präferenzfunktion ist das Portefeuille C′ optimal.

Allerdings ergibt sich mit unterschiedlichem Grad der Risikoscheu (also mit unterschiedlicher Ausgestaltung der Präferenzfunktion) eine jeweils andere Lage der Indifferenzkurven und damit ein anderer Tangentialpunkt bzw. ein anderes optimales Portefeuille. Zu beachten ist, dass nicht jede Form des μ,σ-Prinzips zu sinnvollen Lösungen führt (vgl. hierzu die Ausführungen in Kapitel 4.5).

Hinzuweisen ist auf die wesentlich kompliziertere Anwendung der Portefeuille-Theorie, wenn die Analyse auf den Mehr-Anlagen-Fall erweitert wird. In diesem Fall muss zur Ermittlung der Portefeuille- bzw. Effizienzlinien zunächst folgendes (quadratisches, nichtlineares) Minimierungsproblem gelöst werden, dessen spezielle Lösungsmethoden allerdings hier nicht diskutiert werden (zur rechentechnischen Bestimmung der Portefeuille- bzw. Effizienzlinie bei mehr als zwei Wertpapieren vgl. Bitz 1981, S. 129 ff. und 146 ff.):

$$Min: \sigma_p^2 = \sum_{i=1}^{n} \sum_{j=1}^{n} x_i \cdot x_j \cdot \text{cov}_{ij}$$

unter den Nebenbedingungen:

$$\mu_p = \sum_{i=1}^{n} x_i \cdot \mu_i ; \qquad \sum_{i=1}^{n} x_i = 1 \qquad \text{und} \qquad x_i \geq 0$$

Mit der Portefeuille-Modell gelingt es, das Risiko von Wertpapieranlagen explizit in die Auswahlentscheidung zu integrieren. Allerdings lassen sich nach diesem Modell effiziente Portefeuilles nur unter Verwendung sicherer historischer Daten erschließen, für Anleger hingegen ist aber gerade die Kenntnis zukünfig effizienter Portefeuilles von Bedeutung.

Bezüglich der Werte der Modellvariablen besteht in der Anlagepraxis i.d.R. erhebliche Unsicherheit, daher „darf die Chance für den Anleger, ex ante ein seiner Risikoneigung entsprechendes Portfolio zu finden, nicht überschätzt werden“ (Steiner/Bruns 2002, S. 15).

Weitere Grenzen des Modells liegen in der erforderlichen großen Datenmenge für die Berechnung der Effizienzlinie, wodurch an die praktische Anwendung „fast unerfüllbare“ (Schierenbeck 2003, S. 398) Informationsanforderungen gestellt werden.

Folgender Abbildung kann entnommen werden, welche Anzahl an Inputdaten bereits im Zwei-Wertpapier-Fall erforderlich sind (Abb. 4.6; vgl. Steiner/Bruns 2002, S. 15):

Modellvariablen (Portefeuille-Theorie)				**Anzahl bei**	
				2 Wertpapieren	**n Wertpapieren**
Renditen	μ_A		μ_B	2	N
Varianzen	σ_A^2		σ_B^2	2	N
Kovarianzen		$cov_{A,B}$		1	$1/2\ (n^2\text{-}n)$
			Summe	**5**	$1/2\ n^2 + 3/2n$

Abb. 4.6: Inputdaten im Portfolio-Selection-Modell

4.4 Erwartungsnutzenmodell (Bernoulli-Prinzip)

Wie die bisherigen Ausführungen gezeigt haben, lassen sich mit den klassischen Entscheidungskriterien die Präferenzen eines Entscheidungsträgers nur indirekt über einzelne Kennzahlen bzw. Verteilungsparameter berücksichtigen, die die Wahrscheinlichkeitsverteilung der Ergebnisse repräsentieren. Im Rahmen der Erwartungsnutzentheorie wird ein anderer Weg eingeschlagen, um die Risikoeinstellung des Entscheiders explizit abzubilden. Das Konzept geht auf den Vorschlag von D. Bernoulli (1738) zurück, bei der Beurteilung von Glücksspielen nicht den Erwartungswert von den möglichen Gewinnen (also den Ergebniswerten) heranzuziehen, sondern den Erwartungswert des Nutzens, der aus diesen Gewinnen resultiert.

Exkurs

Ausgangspunkt dieser Überlegung war eine kritische Reflektion der Maximierung des Gewinnerwartungswertes als rationales Verhaltenspostulat, die am so genannten Petersburger Spiel bzw. Paradoxon demonstriert wurde. Bei diesem Gedankenexperiment wird eine (faire) Münze so lange geworfen (N-mal), bis zum ersten Mal „Zahl" oben liegt. Der Spieler bekommt dann 2^N Geldeinheiten (GE) als Gewinn ausgezahlt: Erscheint „Zahl" beim ersten, zweiten bzw. N-ten Wurf erhält der Spieler demnach 2^1 GE, 2^2 GE bzw. 2^N GE als Gewinn ausgezahlt. Die Wahrscheinlichkeit für eine längere Wurfserie wird zwar mit wachsendem N immer kleiner, es ist allerdings theoretisch denkbar, dass auch eine beliebig lange Wurfserie nicht zu dem Ergebnis „Zahl" führt. Die Wahrscheinlichkeitsverteilung der Spielergebnisse sieht daher wie folgt aus:

e	2 (=2^1)	4 (=2^2)	8 (=2^3)	... 2^n ...
p(e)	0,5 (= 2^{-1})	0,25 (=2^{-2})	0,125 (=2^{-3})	... 2^{-n} ...

Nach dem Erwartungswertprinzip ergibt sich für dieses Spiel offensichtlich ein unendlich hoher (erwarteter) Spielerlös:

$$\mu = 2 \cdot 0{,}5 + 4 \cdot 0{,}25 + 8 \cdot 0{,}125 + ... = \sum_{k=1}^{\infty} (2^k \cdot 2^{-k}) = \sum_{k=1}^{\infty} 1 = \infty$$

Eine Person, die sich am Erwartungswert orientiert, müsste folglich bereit sein, einen beliebig hohen Spieleinsatz zu zahlen. Dennoch ist nach aller Erfahrung nicht damit zu rechnen, dass jemand bereit ist, mehr als 10-20 € auszugeben, um an einem solchem Spiel teilzunehmen. Zur Lösung des Petersburger Paradoxons ging Benoulli daher davon aus, ein Spieler orientiere sich nicht am Erwartungswert des Gewinns, sondern am Erwartungswert des Nutzens des Gewinns, wobei er eine spezifische Nutzenfunktion (logarithmisch steigender Verlauf) unterstellte (vgl. Laux 2003,S. 154 f.).

Dieser Grundgedanke Bernoullis wurde von J. von Neumann und O. Morgenstern (1944) wieder aufgenommen, axiomatisch begründet und zu einem in der Wissenschaft als rational anerkannten Entscheidungsparadigma ausgebaut (vgl. ausführlich zu den axiomatischen Grundlagen Schildbach 1999, S. 98 ff.; Bitz 1981, S. 181 ff.; Laux 2003, S. 171). Um die Vorarbeit Bernoullis an diesem Modell hervorzuheben, spricht man in der Entscheidungstheorie häufig vom Bernoulli-Prinzip.

Axiome des Bernoulli-Prinzips

Das Bernoulli-Prinzip hat in der Entscheidungslehre eine große Bedeutung erlangt. Dies liegt v.a. daran, dass es zwingend aus einem System einfacher und plausibel erscheinender Verhaltenspostulate („Axiome rationalen Verhaltens“) folgt. Werden diese Axiome akzeptiert, folgt hieraus, dass sich ein Entscheidungsträger dann rational verhält, wenn er sich nach dem Bernoulli-Prinzip entscheidet. Im Folgenden wird in Anlehnung an die Literatur ein aus vier elementaren Grundanforderungen des rationalen Handeln bestehendes **Axiomensystem** vorgestellt (Schildbach 1999, Bitz 1981):

(1) **Ordinalprinzip:** Eine rationale Entscheidungsregel soll die Alternativen ordinal ordnen (eindeutige Rangfolge). Dies impliziert folgendes: ***(a) Vergleichbarkeit**:* für zwei Alternativen a_1, a_2 muss gelten: $a_1 \prec a_2, a_2 \succ a_1 \; oder \; a_2 \sim a_1$; ***(b) Transitivität:*** aus $a_1 \succ a_2 \; und \; a_2 \succ a_3$ folgt $a_1 \succ a_3$.

(2) **Dominanzprinzip:** Von zwei Wahrscheinlichkeitsverteilungen, die jeweils zwei Ergebnisse umfassen (einfache Chance), ist diejenige vorzuziehen, die den höheren Wert mit der größeren Wahrscheinlichkeit verspricht.

Anmerkung: Eine einfache Chance ist eine Alternative, bei der zwei verschiedene Ergebniswerte e_1 und e_2 (mit $e_1 > e_2$) möglich sind, deren Eintrittswahrscheinlichkeiten p_1 bzw. $p_2 = 1 - p_2$ betragen; Notation: (e_1; p_1; e_2).

(3) **Stetigkeitsaxiom:** Stehen eine sichere Alternative mit dem Ergebnis e und eine einfache Chance (e_1; p; e_2) zur Auswahl mit ($e_1 > e > e_2$), gibt es ein p* ($0 < p^* < 1$), für das beide Alternativen als gleichwertig angesehen werden: (e_1; p*; e_2) ~ e (vgl. dazu unten das Beispiel zur Bernoulli-Befragung).

(4) Substitutionsprinzip: Gilt für zwei Wahrscheinlichkeitsverteilungen von Ergebnissen $(a \succ b)$, bleibt diese Päferenz auch erhalten, wenn diese jeweils mit einer dritten Wahrscheinlichkeitverteilung von Ergebnissen (c) gemischt werden.
Formal: $a \succ b \Leftrightarrow p \cdot a + (1-p) \cdot c \succ p \cdot b + (1-p) \cdot c$ für alle p und c.

Die Vorgehensweise im Rahmen des Bernoulli-Prinzips kann wie folgt beschrieben werden:

Nicht das Ergebnis (also z.B. der Auszahlungsbetrag) einer Alternative ist für den Entscheidungsträger von Bedeutung, sondern der ihm daraus entstehende subjektive Nutzen. Dementsprechend wird nicht mehr auf Entscheidungsvorschriften zurückgegriffen, die Präferenzwerte auf Basis von Ergebnisgrößen (e_{ij}) ermitteln. Es wird vielmehr zunächst allen Ergebniswerten mittels einer Nutzenfunktion u ein Nutzenwert $u_{ij} = u(e_{ij})$ zugeordnet. Der entscheidungsrelevante Präferenzwert einer Alternative ergibt sich dann als Erwartungswert dieser Nutzenwerte:

$$\Phi(a_i) = E(u(e_{ij})) = \sum_{j=1}^{n} u(e_{ij}) \cdot p_j$$

wobei für je zwei Alternativen gilt:

$$a \succ b \Leftrightarrow \Phi(a) > \Phi(b) \quad und$$
$$a \sim b \Leftrightarrow \Phi(a) = \Phi(b)$$

Zu wählen ist schließlich die Alternative, die den höchsten Nutzenerwartungswert aufweist.

Nach dem Bernoulli-Prinzip ist die Alternative zu wählen, für die sich der größte Erwartungsnutzen ergibt. Hierzu sind zunächst die Ergebniswerte (gemäß der vorliegenden Funktionsvorschrift) in Nutzenwerte zu transformieren. Anschließend ist der Erwartungswert dieser Nutzenwerte zu bestimmen.

Zur konkreten Anwendung des Bernoulli-Prinzips ist es natürlich erforderlich, die Nutzenfunktion des Entscheiders zu kennen. In der modernen Variante des Bernoulli-Prinzips bleibt das konkrete Aussehen der Nutzenfunktion zunächst offen. Sie ist im Hinblick auf die individuellen Präferenzvorstellungen des jeweiligen Entscheiders zu bestimmen. Da bei der Bestimmung solcher Nutzenfunktionen Risikoaspekte eine wesentliche Rolle spielen, spricht man in der Erwartungsnutzentheorie auch von **Risikonutzenfunktion (RNF)**.

Auf eine Methode zur *empirischen* Bestimmung von RNF sowie die Diskussion verschiedener Verlaufstypen von RNF wird später eingegangen. Zunächst illustriert das nachfolgende Beispiel anhand einer vorgegebenen RNF die Vorgehensweise des Bernoulli-Prinzips.

Beispiel 4.8: Gegeben sei folgende Ergebnismatrix, die mögliche Gewinne (in EURO) verschiedener einperiodiger Geldanlagen abbildet. In der letzten Spalte sind bereits die Gewinnerwartungswerte angegeben.

	s_1 $p_1 = 0{,}5$	s_2 $p_2 = 0{,}2$	s_3 $p_3 = 0{,}3$	$\Phi(a_i) = \mu_i$
A_1	100	144	225	146,3
A_2	81	36	400	167,7
a_3	121	121	169	135,4

Es wird nun angenommen, die Nutzenfunktion eines Entscheiders sei gegeben mit $u(e) = \sqrt{e}$. Den vorstehenden Ergebnisverteilungen entsprechen somit die Nutzenverteilungen, die in der folgenden Nutzen- bzw. Entscheidungsmatrix abgebildet sind. In der letzten Spalte sind die jeweiligen Nutzenerwartungswerte angegeben. Die Berechnung erfolgt analog zum μ-Prinzip, nur müssen jetzt die Nutzenwerte mit den Wahrscheinlichkeiten gewichtet und dann addiert werden.

	s_1 $p_1 = 0{,}5$	s_2 $p_2 = 0{,}2$	s_3 $p_3 = 0{,}3$	$\Phi(a_i) = E\,(u(e_{ij}))$
a_1	10	12	15	11,9
a_2	9	6	20	11,7
a_3	11	11	13	11,6

Da Alternative a_1 den höchsten Erwartungsnutzen (11,9) hat, würde der Entscheider diese nach dem Bernoulli-Prinzip wählen. Er verzichtet damit auf den höheren Erwartungswert der Alternative a_2, weil deren Ergebnisse unsicherer sind: der Entscheider ist *risikoscheu.*

Der Zusammenhang von RNF und Risikoeinstellung kann nun anhand des Sicherheitsäquivalents konkretisiert werden. Wie aus dem vorhergehenden Abschnitt bekannt ist, bezeichnet das Sicherheitsäquivalent dasjenige sichere Ergebnis, welches einem Entscheider genau so viel wert ist wie die Wahrscheinlichkeitsverteilung von Ergebnissen.

Beispiel 4.9: Gesucht ist der sichere Betrag, der dem Entscheider aus Beispiel 4.8 gleichwertig mit der gewählten Anlagenalternative ist, im Beispiel also etwa das Resultat einer sicheren Geldanlage. Die Entscheidung fiel zuvor auf Alternative a_1, die einen Erwartungsnutzen von 11,9 hat. Gesucht ist also der sichere Betrag S, der ebenfalls zu einem Erwartungsnutzen von 11,9 führt. Da der Erwartungswert eines *sicheren* Betrages natürlich genau diesem Betrag entspricht, gilt somit: u(S) = 11,9.

Formal stellt sich dieser Zusammenhang wie folgt dar: $E(u(e)) = E(u(S)) = u(S)$

Durch Einsetzen in die angegebene RNF ergibt sich im Beispiel schließlich folgendes Sicherheitsäquivalent:

$$\sqrt{S} = 11{,}9 \Leftrightarrow S = 141{,}61$$

Ein sicherer Betrag von 141,61 € führt zu demselben Erwartungsnutzen wie bei Alternative a_1. Das heißt, unser Entscheider würde (mindestens) einen sicheren Betrag in Höhe von 141,61 € fordern, um auf die unsichere Alternative zu verzichten.

Das Sicherheitsäquivalent ist somit kleiner als der Erwartungswert (für a_1: μ = 146,3). Der Entscheidungsträger ist *risikoscheu*. Er ist bereit, auf einen höheren Erwartungswert (146,3) zugunsten eines niedrigeren sicheren Wertes (141,61) zu verzichten.

Die bisherigen Ausführungen haben gezeigt, dass ein *risikoscheuer* Entscheidungsträger bei seiner Entscheidung auf Sicherheit Wert legt, auch wenn dadurch nur ein suboptimaler Erwartungswert erzielt werden kann. Im Hinblick auf das Sicherheitsäquivalent folgt hieraus, dass bei Risikoscheu ein geringerer sicherer Betrag als der erzielbare Erwartungswert einer unsicheren Handlungsalternative als gleichwertig empfunden wird. Für einen *risikofreudigen* Entscheider gilt entsprechend, dass sein Sicherheitsäquivalent größer als der Erwartungswert der unsicheren Alternative ist. Nur gegen einen höheren sicheren Betrag ist er bereit, auf die Ergebnisstreuung der unsicheren Alternative zu verzichten. Ein Entscheider ist hingegen *risikoneutral*, wenn sein Sicherheitsäquivalent dem Erwartungswert der Wahrscheinlichkeitsverteilung von Ergebnissen entspricht.

Diese Schlussfolgerungen wurden bereits in Kapitel 4.2 gezogen, können aber im Rahmen der Erwartungsnutzentheorie allgemein und anschaulich anhand des Verlaufes der RNF erläutert werden (vgl. z.B. Bamberg/Coenenberg 2006, S. 92 ff.; Dörsam 2007, S. 60-64):

Hierzu betrachten wir nochmals exemplarisch die Nutzenfunktion $u(e) = \sqrt{e}$. Aus Beispiel 4.8 ist bereits bekannt, dass die Verwendung dieser Risikonutzenfunktion zu *risikoscheuen* Entscheidungen führt. Zur Illustration der prinzipiellen Zusammenhänge gehen wir von folgender vereinfachten Ergebnismatrix aus (vgl. zum Folgenden Schildbach 1999, S. 97 f.):

Beispiel 4.10:

	s_1 $p_1 = 0{,}4$	s_2 $p_2 = 0{,}6$	μ_i
a_1	25	225	145

Aufgrund der Transformationsvorschrift der unterstellten Nutzenfunktion: $u(e) = \sqrt{e}$ ergibt sich folgende Entscheidungsmatrix:

	s_1 $p_1 = 0{,}4$	s_2 $p_2 = 0{,}6$	$E(u(e_{ij}))$
a_1	5	15	11

Als **Sicherheitsäquivalent** der unsicheren Alternative folgt hieraus ein Wert von

$$\sqrt{S} = 11 \Leftrightarrow \underline{S = 121},$$

der damit annahmegemäß *kleiner* als der Erwartungswert ist.

Dieser Zusammenhang lässt sich auch **grafisch** veranschaulichen: Abbildung 4.7 zeigt den Verlauf der Risikonutzenfunktion $u(e) = \sqrt{e}$ in einem Koordinatensystem. Auf der x-Achse sind die möglichen Ergebniswerte abgetragen und auf der y-Achse der zugehörige Nutzen. Der Kurvenverlauf zeigt, dass es sich hierbei um eine *konkave* Risikonutzenfunktion (nach unten gekrümmte Funktion; degressive Steigung) handelt. Die Punkte A (25, 5) und B (225, 15) repräsentieren die Ergebniswerte der Alternative mit den zugehörigen Nutzenwerten.

Für den Erwartungswert $E(e_{ij})$ gilt:

$$E(e_{ij}) = p_1 \cdot e_1 + p_2 \cdot e_2 \quad \textit{und wegen } p_1 = 1 - p_2$$
$$E(e_{ij}) = (1 - p_2) \cdot e_1 + p_2 \cdot e_2 \Leftrightarrow$$
$$E(e_{ij}) = e_1 + p_2 \cdot \left[e_2 - e_1\right]$$
$$E(e_{ij}) = 0{,}4 \cdot 25 + 0{,}6 \cdot 225 = 145$$

Analog gilt für den Nutzenerwartungswert $E(u(e_{ij}))$:

$$Eu(e_{ij}) = u(e_1) + p_2 \cdot \left[u(e_2) - u(e_1)\right]$$
$$Eu(e_{ij}) = 5 + 0{,}6 \cdot \left[15 - 5\right] = 11$$

Der Nutzenerwartungswert lässt sich damit grafisch einfach ermitteln, indem der Abstand zwischen den Werten 5 und 15 auf der Ordinate im Verhältnis 0,6 zu 0,4 geteilt wird. Der zugehörige Punkt C zeigt, dass der Ergebniswert 121 das Sicherheitsäquivalent der Verteilung bildet. Der Erwartungswert lässt sich ebenfalls grafisch darstellen, indem die Verbindungslinie zwischen A und B im Verhältnis 0,6 zu 0,4 (Punkt D) geteilt wird und der entsprechende Abzissenwert (145) gesucht wird (vgl. hierzu Abb. 4.7). Wie zuvor angeführt, ist für die Beurteilung der Risikoeinstellung das Verhältnis von Sicherheitsäquivalent und Erwartungswert maßgeblich. Im Beispiel ist das Sicherheitsäquivalent kleiner als der Erwartungswert, wodurch Risikoscheu ausgedrückt wird. Diese Größenrelation gilt bei einer konkaven RNF auch für jeden anderen Wert von p (Verbindungslinie zwischen A und B).

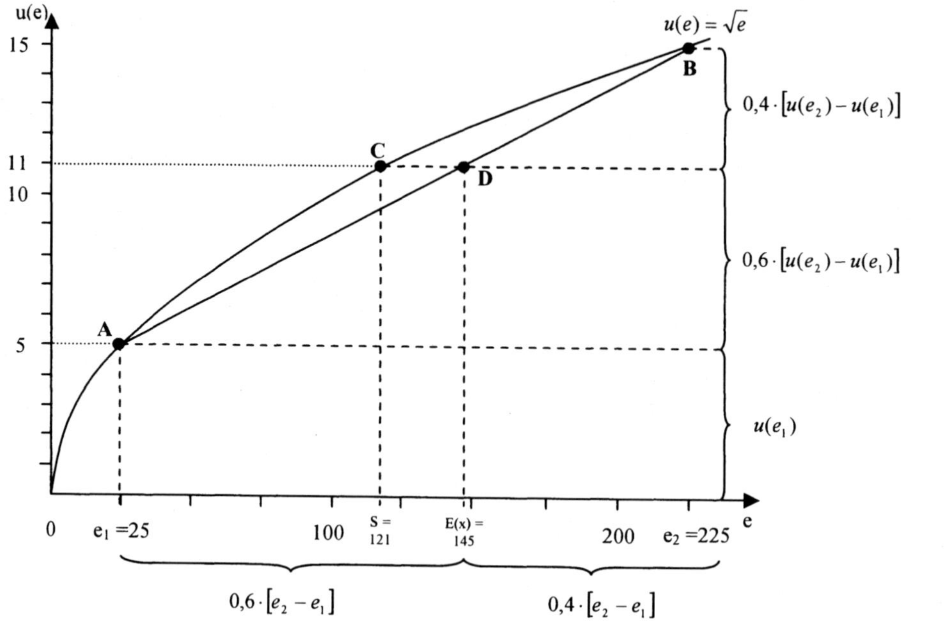

Abb. 4.7: Grafische Veranschaulichung der konkaven Risikonutzenfunktion

Die Zusammenhänge von Sicherheitsäquivalent und Erwartungswert und Aussagen zur Risikoeinstellung leiten sich bei linearen bzw. konvexen (linksgekrümmten) RNF analog ab.

Aus der spezifischen Form einer RNF können somit allgemeine Aussagen bezüglich der subjektiven Risikoeinstellung des Entscheiders abgeleitet werden. Eine konkave RNF spiegelt *Risikoscheu* und eine konvexe (nach oben gekrümmt; progressive Steigung) RNF *Risikofreude* wider. Eine lineare RNF (Gerade) drückt hingegen stets *Risikoneutralität* aus.

Bislang wurde noch nicht darauf eingegangen, wie man die Risikonutzenfunktion eines Entscheidungsträgers ermitteln kann. Eine Methode zur Bestimmung der RNF ist die *Bernoulli-Befragung*. Hierbei stellt man dem Entscheidungsträger eine sichere Einkommensalternative und eine so genannte *einfache Chance* zur Wahl. Der Entscheidungsträger hat nun anzugeben, bei welcher Wahrscheinlichkeit beide Alternativen für ihn gleichwertig sind.

Eine *einfache Chance* ist eine Alternative, bei der zwei verschiedene Ergebniswerte e_1 und e_2 (mit $e_1 > e_2$) möglich sind, deren Eintrittswahrscheinlichkeiten p_1 bzw. $p_2 = 1 - p_2$ betragen. Zur abkürzenden Beschreibung wird eine einfache Chance durch die Notation (e_1; p_1; e_2) bezeichnet. Eine einfache Chance (50 €; 0,6; 0 €) bedeutet z.B., dass die (Erfolgs-)Wahrscheinlichkeit 50 € zu erhalten, bei 60% liegt, und die Wahrscheinlichkeit, 0 € zu bekommen, bei 40% liegt.

Die konkrete Vorgehensweise der Bernoulli-Befragung kann wie folgt beschrieben werden (vgl. Bitz 1981, S. 158 ff.):

(1) Normierung der RNF

Es wird ein niedriger Ergebniswert e_n und ein hoher Ergebniswert e_h so vorgegeben, dass alle für die zu beurteilende Entscheidungssituation in Betracht kommenden Ergebnisse e zwischen diesen beiden Werten liegen. Den beiden Ergebnissen ordnet man die Nutzenwerte $u(e_n) = 0$ und $u(e_h) = 1$ zu. Nimmt man *beispielsweise* an, dass alle relevanten Ergebniswerte in dem Intervall zwischen 0 und 100 liegen, wird entsprechend festgelegt:

$e_n = 0$ und $u(e_n) = 0$ sowie $e_h = 100$ und $u(e_h) = 1$. Damit ist die RNF zunächst in zwei Punkten eindeutig definiert.

(2) Hypothetische Wahlakte

Der Entscheidungsträger wird nun (hypothetisch) vor die Wahl gestellt zwischen

- einer sicheren Alternative mit dem Einkommen e
- einer einfachen Chance (e_h; p; e_n)

Bei der einfachen Chance erhält er somit den Wert e_h mit der Wahrscheinlichkeit p und den Wert e_n mit der Wahrscheinlichkeit (1-p). Den Annahmen entsprechend gilt: $e_h > e > e_n$.

(3) Kritische Wahrscheinlichkeit

Wird z. B. zunächst e = 25 gewählt, dann ist dieses sichere Einkommen mit der einfachen Chance (100; p; 0) zu vergleichen. Die Wahrscheinlichkeit p wird nun so lange variiert, bis der Entscheidungsträger das sichere Einkommen e und die einfache Chance (e_h; p*; e_n) gerade als gleichwertig ansieht. Im Beispiel kann man wohl allgemein annehmen, dass bei einem p in der Nähe von 1 die einfache Chance vorteilhaft erscheint. Nähert sich p hingegen dem Wert 0, wird sicherlich dem sicheren Einkommen der Vorzug gegeben.

Angenommen der Entscheider würde sich bei einem vorgegebenen p von 0,3 für die sichere Alternative, aber bei einem p von 0,7 für die Chance entscheiden, könnte der gesuchte Wert p* durch weitere Einengung von p (0,3 < p* < 0,7) ermittelt werden. Es sei angenommen, dass im Beispiel der Entscheider bei einem p* (25) = 0,5 indifferent zwischen dem sicheren Wert und der einfachen Chance (100; 0,5; 0) ist.

(4) Nutzenwertbestimmung

Die unter (3) ermittelte Wahrscheinlichkeit p* führt zur Indifferenz zwischen sicherem Einkommen und einfacher Chance, d.h. es gilt:

$e \sim (e_h; p^*(e); e_n)$ bzw. im Beispiel $25 \sim (100; 0{,}5; 0)$ und damit auch:

$$u(25) = 0{,}5 \cdot u(100) + 0{,}5 \cdot u(0)\ .$$

Aus der Normierung u (100) = 1 und u (0) = 0 folgt schließlich u (25) = 0,5.

Der Wert der Wahrscheinlichkeit p*, für den das sichere Einkommen und die einfache Chance als äquivalent angesehen werden, stimmt überein mit dem Risikonutzen des sicheren Betrages: u (e) = p*

Auf diese Weise können für weitere Ergebniswerte e die zugehörigen Nutzenwerte ermittelt und schließlich die gesamte RNF approximiert werden.

In dem angeführten Beispiel seien die folgenden weiteren Wertepaare (e, p*(e)) angenommen (Bitz 1981, S.160):

e	0	5	10	15	20	30	40	50	75	100
p*(e)	0	0,2	0,3	0,4	0,45	0,55	0,65	0,7	0,85	1

Abbildung 4.8 zeigt die einzelnen Punkte in einem Koordinatensystem und verdeutlicht, dass diese Punktfolge sehr gut durch die Funktion $u(e) = 0{,}1 \cdot \sqrt{e}$ approximiert werden kann.

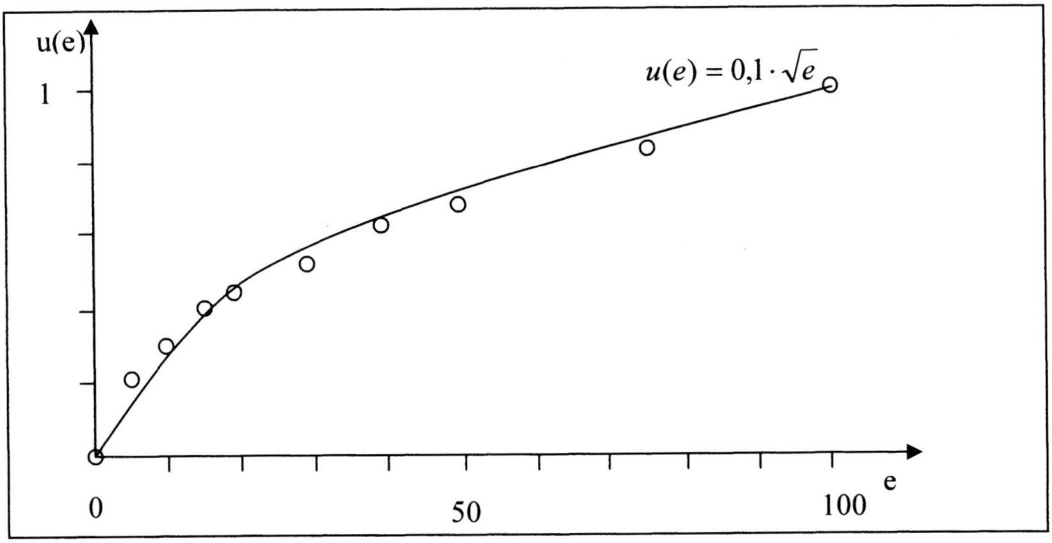

Abb 4.8: Beispielhafte Ermittlung einer RNF

4.5 Fallstudie - Anwendung und Rationalität von Entscheidungsregeln

Die folgende Fallstudie wiederholt wesentliche Aspekte der Entscheidungsfindung bei Risiko und vertieft bisher erworbene Kenntnisse durch die Verknüpfung klassischer Entscheidungsprinzipien mit dem Bernoulli-Prinzip (leicht modifiziert nach Hagenloch 2004a). Anhand einer konkreten Anwendungssituation wird hierbei u.a. die Frage der Rationalität der klassischen Entscheidungsprinzipien erörtert. Bezugspunkt dieser Rationalitätsanalyse ist die *Verträglichkeit* der Entscheidungsprinzipien mit dem allgemein als rational anerkannten Bernoulli-Prinzip (vgl. Kap. 4.4).

Die Rahmenbedingungen der Fallstudie können wie folgt beschrieben werden (das Entscheidungsproblem selbst ist reine Fiktion; siehe auch die entsprechend gewählten Zahlenwerte):

Der Fallstudie liegt eine Risikosituation zu Grunde, d.h. der Informationsstand des Entscheidungsträgers ist dadurch gekennzeichnet, dass der zukünftige Umweltzustand zwar zum Entscheidungszeitpunkt unbekannt ist, aber den möglichen Zuständen (subjektive oder objektive) Eintrittswahrscheinlichkeiten zugeordnet werden können.

Ausgangspunkt der Fallstudie sind die seit einigen Jahren stattfindenden Umwälzungen in der Hochschulstruktur. Ein wesentlicher Aspekt des tief greifenden Reformprozesses, in der sich die deutsche Hochschullandschaft aktuell befindet, ist die Generierung leistungsstarker, wissenschaftlicher Standortprofile, die auch im internationalen Vergleich wettbewerbsfähig sind. Die Zukunftssicherung des Hochschulwesens wird dabei u.a. in dem Aufbau neuer, international kompatibler Studiengänge gesehen, wobei das hochschulspezifische Profil des Studienangebotes zunächst durch Akkreditierungsagenturen auf Einhaltung der geforderten Qualitätsansprüche geprüft wird. Angesichts der Akkreditierung von Studiengängen und der hierzu notwendigen Erfüllung von Mindeststandards hinsichtlich Lehre und Studium wird die zunehmende Bedeutung eines systematischen Qualitätsmanagements im Hochschulbereich offensichtlich.

Ein mögliches Instrument zur Qualitätssicherung, Qualitätskontrolle und Qualitätsentwicklung, das zudem die Orientierung an gesetzten Benchmarks ermöglicht, ist die regelmäßige Evaluation der Hochschulleistungen, wobei angesichts der Zwecksetzung der Fallstudie nur die hochschulinterne Selbstevaluation im Sinne der Evaluation der Lehrqualität durch Studierende und eines möglichen Einholens von Qualitätsurteilen von Fachkollegen berücksichtigt wird:

Für die Formulierung der Fallstudie wird *angenommen*, dass es bereits übliche Praxis ist, dass die Hochschulleitung die Dienste eines Hochschullehrers, der in den wohlverdienten Ruhestand geht, durch eine Einmalzahlung in Höhe von 75 € würdigt. Anlässlich der aktuellen Qualitätsdiskussionen hat nunmehr die Zielsetzung der Hochschulleitung, möglichst transparente Grundlagen für die eigene Qualitätspositionierung zu generieren, wesentlich an Bedeutung gewonnen. Ein Beitrag zur Erfüllung dieser Zielsetzung wird darin gesehen, über möglichst zahlreiche (und bekannt zu gebende) Lehrevaluationen bzw. sonstige Qualitätsurteile zu verfügen. Gleichzeitig soll zur Sicherung bzw. Ausbau der Qualität ein Anreizsystem für die Hochschullehrer geschaffen werden. Aus diesem Grund wurde seitens der Leitung festgelegt, den betroffenen Hochschullehrern anstelle der Annahme der bislang üblichen „sicheren“ Auszahlung (= a_1) zwei weitere Handlungsalternativen (= a_2; a_3) anzubieten, mit denen Auszahlungen (e_{ij}) in unterschiedlicher Höhe verbunden sein können.

Auf Basis dieser Angaben und wenigen weiteren Annahmen kann das Entscheidungsproblem wie folgt beschrieben werden:

(1) Aktionsmöglichkeiten
a_1: Annahme der bisher üblichen Auszahlung
a_2: Bewertung der Lehre durch Studenten
a_3: Einholen von Qualitätsurteilen durch die Fachkollegen

Die Bewertung durch die Studenten bzw. Fachkollegen erfolgt ordinalskaliert auf Basis von Schulnoten, wobei die relevanten durchschnittlichen Bewertungsergebnisse durch drei Klassen definiert sind.

(2) Umweltzustände (deren Eintreffen zugleich die Auszahlungshöhe bestimmt)
z_1: gute Bewertung (Ergebnis: bis 2,5)
z_2: befriedigende Bewertung (Ergebnis: bis 3,5)
z_3: schlechte Bewertung (Ergebnis: > 3,5)

Im Weiteren wird der konkrete Fall eines ausscheidenden Hochschullehrers (H) betrachtet, der die zusätzlichen Alternativen in Erwägung zieht. Seine Zielsetzung besteht darin, sich - unter den gegebenen Bedingungen - für diejenige Alternative zu entscheiden, die sein Einkommen maximiert.

Abgeleitet aus früheren inoffiziellen Bewertungsrunden schätzt H die Eintrittswahrscheinlichkeit der relevanten Umweltzustände mit $p_1 = 50\%$, $p_2 = 30\%$ und $p_3 = 20\%$. Unter Berücksichtigung der verschiedenen Auszahlungsbeträge, die von der Hochschule je nach Ausgang der Bewertungen in Aussicht gestellt werden, ergibt sich damit folgende Ergebnismatrix (die sichere - von den Zuständen unabhängige - Auszahlung wurde aus Darstellungsgründen mit aufgenommen):

	s_1 (gute Bewertung)	s_2 (befriedigende Bewertung	s_3 (schlechte Bewertung)
a_1 (ohne Evaluation)	75	75	75
a_2 (Studenten)	150	100	0
a_3 (Fachkollegen)	140	95	0
p_j Wahrscheinlichkeiten	0,5	0,3	0,2

Tabelle 4.1: Ergebnismatrix Ausgangssituation

Vor einer Bewertung der Ergebnisverteilungen anhand möglicher Entscheidungsregeln ist mit Hilfe des **Dominanzprinzips** zu überprüfen, ob *ineffiziente* Alternativen vorliegen, die aus dem Entscheidungskalkül herauszunehmen sind.

Da im Beispiel

$e_{2j} \geq e_{3j}$ für alle j und

$e_{2j} > e_{3j}$ für mindestens ein j (hier für: j = 1, 2)

erfüllt ist, liegt Zustandsdominanz vor (Alternative a_3 wird von a_2 *dominiert* und ist damit *ineffizient*). Aus dem Vorliegen von Zustandsdominanz folgt stets die Existenz von Wahrscheinlichkeitsdominanz (aber nicht umgekehrt!), wie nachfolgend noch einmal exemplarisch illustriert wird:

$p(e_2 \geq e') \geq p(e_3 \geq e')$ für alle $e' \in \Re$ und

$p(e_2 \geq e') > p(e_3 \geq e')$ für mindestens ein $e' \in \Re$ (hier erfüllt z.B. für $140 < e \leq 150$),

Für die weitere Betrachtung wird somit die Bewertung durch Fachkollegen aus der Menge der in Betracht zu ziehenden Handlungsalternativen herausgenommen (vgl. Tab. 4.2).

	s_1 (gute Bewertung)	s_2 (befriedigende Bewertung	s_3 (schlechte Bewertung)
a_1 (ohne Evaluation)	75	75	75
a_2 (Studenten)	150	100	0
p_j Wahrscheinlichkeiten	0,5	0,3	0,2

Tabelle 4.2: Ergebnismatrix des Entscheidungsproblems

Im Folgenden werden Lösungsansätze des vorliegenden Entscheidungsproblems auf Basis des

(1) μ-Prinzips,
(2) μ,σ-Prinzips und
(3) Bernoulli-Prinzips

diskutiert. Hierbei wird zugleich untersucht

- ob die klassischen Entscheidungsprinzipien im Sinnne des Bernoulli-Prinzips als rational, d.h. als spezielle Ausprägung der Entscheidungsregel:
  $\Phi(a_i) = E(u(e_{ij})) = \sum_{j=1}^{n} u(e_{ij}) \cdot p_j$ gelten können und,
- wenn ja, welchen Verlauf der entsprechenden Risikonutzenfunktion sie implizieren.

(1) μ-Prinzip

Ausgehend von den klassischen Entscheidungsprinzipien für Risikosituationen wird für die Beurteilung der Entscheidungssituation zunächst die Anwendung des μ-Prinzips diskutiert, das von einer risikoneutralen Einstellung des Entscheidungsträgers ausgeht. Formal ergibt sich für die Berechnung des Präferenzwertes nach dem *μ-Prinzip* folgende Präferenzfunktion:

$$\Phi(a_i) = \mu_i = \sum_{j=1}^{n} e_{ij} \cdot p_j$$

Für die Alternativen aus Tabelle 4.2 ergeben sich damit folgende Erwartungswerte:

$$\mu_1 = 75 \text{ und } \quad \mu_2 = 0{,}5 \cdot 150 + 0{,}3 \cdot 100 + 0{,}2 \cdot 0 = 105$$

Entsprechend der Zielsetzung von H, in den Genuss einer möglichst hohen Auszahlung zu kommen, lautet seine Zielfunktion:

$$\max_i : \Phi(a_i) = \mu_i \,.$$

Damit verzichtet ein Entscheider, der nach dem μ-Prinzip handelt, auf die sichere Auszahlung der Hochschulleitung in Höhe von 75 € und entscheidet sich aufgrund des höheren Erwartungswertes (der Zufallsvariable) der Alternative a_2 (= 105 €) für die Studentenbewertung seiner Lehrveranstaltungen.

Bevor darauf eingegangen wird, ob das μ-Prinzip für H eine angemessene Entscheidungsregel darstellt oder ggf. nicht mit seiner Risikoeinstellung verträglich ist, stellt sich zunächst die Frage, bei welcher Höhe ein Entscheider den Auszahlungsbetrag und das zufallsabhängige Ergebnis der Alternative als gleichwertig empfindet (Sicherheitsäquivalent).

Das **Sicherheitsäquivalent** entspricht nach den Ausführungen in Kapitel 4.2 gerade dem *sicheren* Betrag $S(a_i)$, der dem Entscheidenden äquivalent zur betrachteten (unsicheren) Alternative a_i erscheint. Bei Anwendung des μ-Prinzips, das wie erläutert einen Entscheider unterstellt, der sich ausschließlich am Erwartungswert orientiert, ist es unmittelbar einsichtig, dass der sichere Auszahlungsbetrag gerade dem Erwartungswert des zufallsabhängigen Ergebnisses entspricht ($S = E(X) = \mu$)

In dieser Fallvariante wird ein Entscheider demzufolge solange die Studentenbefragung und die damit verbundene Wahrscheinlichkeitsverteilung der Auszahlungsbeträge präferieren, bis (theoretisch) der bislang übliche Auszahlungsbetrag seitens der Hochschule auf mindestens 105 € angehoben wird.

Betrachten wir nun wieder unseren Hochschullehrer H. Bislang wurde vernachlässigt, dass der Ausgang der Lehrbewertung durch die Studenten auch dazu führen kann, dass H entweder gar nichts oder aber sogar 150 € ausgezahlt wird. Insofern wurde das Risiko, das mit der Wahl dieser Alternative verbunden ist, ausgeblendet.

Wie in Kapitel 4.2 behandelt wird bei Anwendung des μ-Prinzips implizit eine bzgl. des Risikos indifferente Grundhaltung des Entscheiders unterstellt. Anders ausgedrückt, das μ-Prinzip entfaltet seine Anwendungsrelevanz lediglich in dem Fall, dass die *Streuung* der Ergebnisse um den Erwartungswert - also das *Risiko* - für den Entscheidungsträger keine Bedeutung hat. Damit ist eine Entscheidung nach dem μ-Prinzip für die Beurteilung von Einzelfallsituationen nur für risikoneutrale Entscheidungsträger geeignet.

Dieser Sachverhalt lässt sich auch aus der Überlegung ableiten, wann das μ-Prinzip mit dem Bernoulli-Prinzip vereinbar ist. Unmittelbar erkennbar ist, dass das Bernoulli-Prinzip genau dann mit dem μ-Prinzip übereinstimmt, wenn eine Nutzenfunktion $u(e) = e$ zugrunde gelegt wird. Aufgrund der identischen Abbildung entsprechen die Ergebniswerte den Nutzenwerten, woraus natürlich folgt, dass die Bildung des Erwartungswertes zum gleichen Ergebnis führt wie die Bildung des Nutzenerwartungswertes. Es kann ferner gezeigt werden, dass Nutzenfunktionen, die aus einer **positiven Linear-Transformation** der identischen Abbildung hervorgehen, äquivalent zum Bernoulli-Prinzip sind (vgl. Bitz 1981, S. 193).

Beispiel 4.11:

Die behauptete Äquivalenz kann ausgehend von Tabelle 4.2 wie folgt gezeigt werden. (zur Information sind die Erwartungswerte mit abgebildet):

1. Nutzenfuktion (identische Abbildung) : u(e) = e

u(e) =e	**s_1 (p_1 =0,5)**	**s_2 (p_2 =0,3)**	**s_3 (p_3 =0,2)**	**E(e)**	**E(u(e)**
a_1	75	75	75	75	75
a_2	150	100	0	105	105

2a. Transformierte Nutzenfuktion: $u(e) = \alpha + e$

$u(e) = \alpha + e$	**s_1 (p_1 =0,5)**	**s_2 (p_2 =0,3)**	**s_3 (p_3 =0,2)**	**E(e)**	**E(u(e)**
a_1	$75+\alpha$	$75+\alpha$	$75+\alpha$	75	$75+\alpha$
a_2	$150+\alpha$	$100+\alpha$	$0+\alpha$	105	$105+\alpha$

2b. Transformierte Nutzenfuktion: $u(e) = \beta \cdot e$

$u(e) = \beta \cdot e$	**s_1 (p_1 =0,5)**	**s_2 (p_2 =0,3)**	**s_3 (p_3 =0,2)**	**E(e)**	**E(u(e)**
a_1	$\beta \cdot 75$	$\beta \cdot 75$	$\beta \cdot 75$	75	$\beta \cdot 75$
a_2	$\beta \cdot 150$	$\beta \cdot 100$	$\beta \cdot 0$	105	$\beta \cdot 105$

Wie zu sehen ist, verändert sich die Entscheidung (Rangfolge der Handlungsalternativen) nach dem Bernoulli-Prinzip nicht, wenn zur identischen Abbildung ein Wert α addiert und/oder diese mit einem positiven Faktor β multipliziert wird.

Das Bernoulli-Prinzip stimmt somit genau dann mit dem μ-Prinzip überein, wenn eine Nutzenfunktion der Form:

$$u(e) = \beta \cdot e + \alpha \qquad \text{mit } \beta>0$$

zugrunde gelegt wird. Das μ-Prinzip ist demnach rational im Sinne des Bernoulli-Prinzips; es impliziert allerdings zwingend einen *linearen* Verlauf der Nutzenfunktion, d.h. risikoneutrales Verhalten.

Bei genauerer Betrachtung der Wahrscheinlichkeitsverteilung der Ergebnisse, die mit der Alternative a_2 verbunden sind, kommt H nun zu dem Entschluss, dass eine alleinige Orientierung am Erwartungswert für ihn nicht in Betracht kommt. Trotz der verlockenden Möglichkeit mit einer Wahrscheinlichkeit von insgesamt 80% mehr als die sicheren 75 € zu erhalten, möchte H das bestehende Risiko, mit einer Wahrscheinlichkeit von 20% bei seinem Abschied „leer" auszugehen, nicht (ohne Weiteres) eingehen.

Da die Prämisse der Risikoneutralität für H offenbar nicht gegeben ist, er nach den bisherigen Überlegungen vielmehr als risikoscheu bezeichnet werden kann, wird die Entscheidung für eine der beiden Alternativen erst auf Basis einer Regel getroffen werden können, die seine Risikoeinstellung angemessen berücksichtigt.

Eine Entscheidungsregel, die diese Risikoeinstellung des Entscheidungsträgers berücksichtigt und hierzu neben dem Erwartungswert μ die Standardabweichung σ als einen weiteren Verteilungsparameter bei der Beurteilung der Alternativen hinzuzieht, wurde in Kapitel 4.2 unter der Bezeichnung (μ,σ)-Prinzip behandelt.

(2) μ,σ -Prinzip

Im Unterschied zum μ-Prinzip berücksichtigt das (μ,σ)-Prinzip zusätzlich, dass die möglichen Ergebnisse der Zufallsvariablen um ihren Erwartungswert streuen. Dabei ist die Standardabweichung σ ein Maß dafür, wie stark diese Schwankungen um den Erwartungswert ausfallen.

Insofern kann σ als Ausdruck des *Risikos* interpretiert werden, das mit der Wahl einer bestimmten Alternative verbunden ist. Je stärker die möglichen Ergebnisse um den Erwartungswert schwanken, desto größer ist die Unsicherheit hinsichtlich des Ausmaßes des eintretenden Ergebnisses.

Die Präferenzfunktion des (μ,σ)-Prinzip hat die allgemeine Form:

$\Phi(a_i) = \Phi(\mu_i, \sigma_i).$

wobei sich die Standardabweichung (für diskrete Verteilungen) nach folgender Formel berechnet:

$$\sigma_i = \sqrt{\sum_{j=1}^{n} (e_{ij} - \mu_i)^2 \cdot p_j} \quad \text{bzw.} \quad \sigma_i = \sqrt{\sum_{j=1}^{n} (p_j \cdot e_{ij}^{\ 2}) - \mu_i^{\ 2}}$$

Im folgenden werden zwei (μ,σ)-Regeln als konkrete Ausgestaltung des allgemeinen (μ,σ)-Prinzips diskutiert.

Spezifische (μ,σ)-Regel (Variante 1)

Es wird zunächst folgende einfache (μ,σ)-Regeln mit der (zu maximierenden) linearen Präferenzfunktion unterstellt:

$\Phi(a_i) = \mu_i - \alpha \cdot \sigma_i$

wobei der Risikoparameter α die spezifische Einstellung des Entscheidungsträgers gegenüber dem Risiko zum Ausdruck bringt. Im Hinblick auf die individuelle Risikoeinstellung von H, die wie bereits angeführt einer eher risikoscheuen Grundhaltung entspricht, wird zunächst der Parameter α = +0,1 angesetzt.

Allgemein kann von Folgendem ausgegangen werden: Da α in die Präferenzfunktion mit einem negativen Vorzeichen eingeht, sinkt der Präferenzwert mit zunehmender Streuung (σ). Ein risikoscheuer Entscheider strebt somit bei gegebenem μ eine möglichst geringe Streuung (um μ) an, da er das Risiko der Unterschreitung des Mittelwertes in seinem Entscheidungskalkül stärker gewichtet als die Möglichkeit bzw. Chance, ein gemessen am Erwartungswert höheres Ergebnis zu erreichen. Von zwei beliebigen Aktionen mit demselben μ wird daher von einem risikoscheuen Entscheider diejenige vorgezogen, deren Risiko (gemessen durch σ) niedriger ist.

Für die vorliegende Präferenz- bzw. Zielfunktion:

$$\Phi(a_i) = \mu_i - 0{,}1 \cdot \sigma_i \qquad \rightarrow \text{Max!}$$

ergeben sich damit folgende (selbst leicht nachprüfbare) Ergebnisse:

$$\Phi(a_1) = 75 \quad (\sigma = 0!)$$
$$\Phi(a_2) = 105 - 0{,}1 \cdot 56{,}79 = 99{,}32$$

Damit präferiert H bei der angenommenen linearen Form des (μ,σ)-Prinzips die Alternative a_2, also die Durchführung einer Lehrevaluation durch Studenten.

Hierbei stellt sich erneut die Frage nach dem entsprechenden Sicherheitsäquivalent der Wahrscheinlichkeitsverteilung. Das Sicherheitsäquivalent ist wie angeführt der sichere Betrag, der den gleichen Präferenzwert wie die (unsichere) Alternative hat. Welchen Betrag müsste also die Hochschulleitung anbieten, damit H bereit ist, auf das „Spiel mit dem Zufall" (Pfohl/Braun 1981, S. 171) zu verzichten? In diesem Sinn kann das Sicherheitsäquivalent auch als *Preisuntergrenze* interpretiert werden.

Für einen sicheren Wert S gilt $\sigma_S = 0$ und $\mu = S$ und im Beispiel damit:

$$S - 0{,}1 \cdot 0 = 99{,}32 \quad \Leftrightarrow \quad S = 99{,}32$$

Erst bei einem Auszahlungsbetrag größer als 99,32 € würde H daher von der Studentenbewertung absehen und den Betrag von der Hochschulleitung annehmen.

Allgemein geht dieser Sachverhalt auch aus einem (μ,σ)-Diagramm hervor, in das Indifferenzkurven eingezeichnet werden. Die Indifferenzkurven erfassen jeweils verschiedene $(\mu\text{-}\sigma)$-Kombinationen, die zu dem gleichen Präferenzwert führen und somit vom Entscheider als äquivalent eingestuft werden. Im Falle der Risikoscheu ist die Steigung der Kurven positiv, da die Zunahme des Risikos durch eine entsprechende Erhöhung des Erwartungswertes ausgeglichen werden muss, damit die veränderte Wahrscheinlichkeitsverteilung der ursprünglichen als gleichwertig erscheint (vgl. den Weg von A nach B in Abb. 4.9). In Abbildung 4.9 ist durch den gestrichelten Pfeil ferner die Richtung aufsteigender Präferenz gekennzeichnet, die angibt, dass ein Entscheider bei gegebener Standardabweichung einen größeren Erwartungswert vorzieht. Damit repräsentiert eine Indifferenzlinie ein umso höheres Präferenzniveau je weiter rechts sie liegt.

Für den zuvor betrachteten Präferenzwert $\Phi(a_2) = 99{,}32$ ist die entsprechende Indifferenzkurve darstellbar durch:

$$\Phi(a_i) = \mu_i - 0{,}1 \cdot \sigma_i \quad \Leftrightarrow \quad \sigma_i = 10 \cdot \mu_i - 10 \cdot \Phi(a_i)$$

Weitere Indifferenzkurven ergeben sich, wenn für Φ bestimmte Werte vorliegen bzw. gesetzt werden. Ein solches *Präferenzfeld* wurde hier durch Parallelverschiebung der vorliegenden Kurve angedeutet. Schließlich ermöglicht die Betrachtung eines (μ,σ)-Diagramms auch eine einfache Ermittlung des Sicherheitsäquivalents einer Wahrscheinlichkeitsverteilung: Es ergibt sich als Schnittpunkt der jeweiligen Indifferenzkurve mit der μ-Achse!

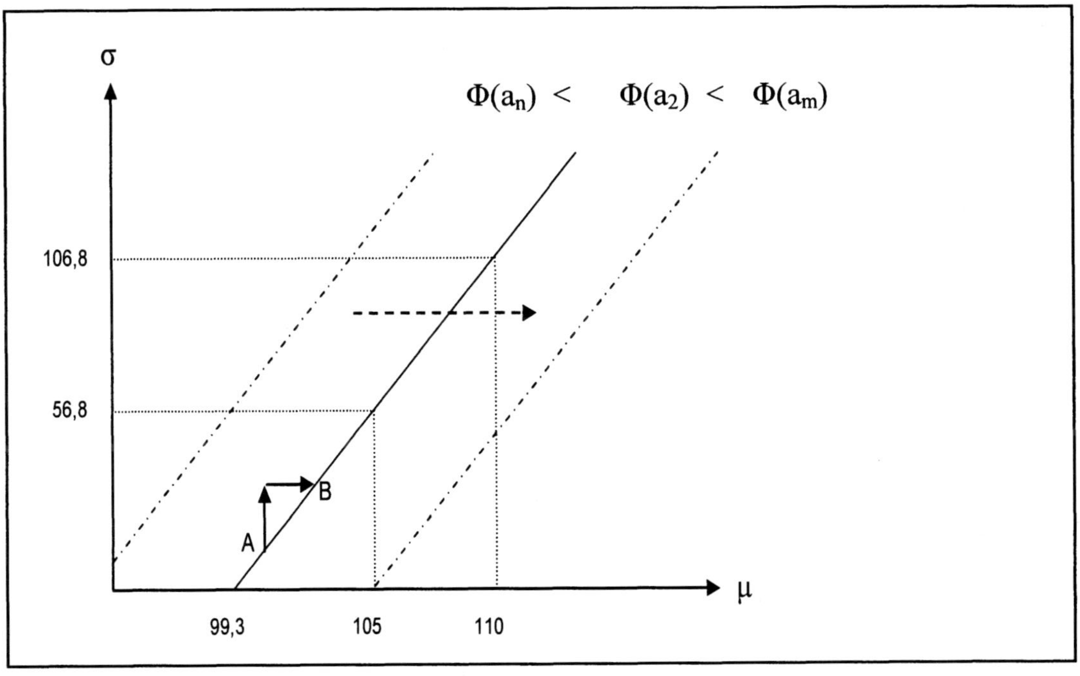

Abb. 4.9: Indifferenzlinie bei Risikoscheu

Der entscheidungsrelevante Präferenzwert wird in unserem Beispiel stark durch den angenommenen Risikoparameter α beeinflusst. Da hinsichtlich seiner exakten Höhe von einer gewissen Fehlertoleranz auszugehen ist, erscheint es sinnvoll, das durch α ausgedrückte Ausmaß der individuellen Risikoaversion zu berechnen, das gerade zur

Indifferenz zwischen der üblichen Auszahlung in Höhe von 75 € und der Wahrscheinlichkeitsverteilung führt:

$$105 - \alpha \cdot 56{,}79 = 75 \quad \Leftrightarrow \quad \underline{\alpha = 0{,}528}$$

Zunächst beruhigt über diesen (im Vergleich zu dem angesetzten) hohen Wert von α, möchte H sicherheitshalber noch überprüfen, ob mit den entscheidungsrelevanten Werten eventuell bereits ein typisches Manko des (μ,σ)-Prinzips in Erscheinung tritt:

Je nach gesetztem Wert von α kann es vorkommen, dass (μ,σ)-Regeln gegen das Dominanzprinzip verstoßen und in diesem Fall nicht mehr als vernünftiges bzw. rationales Entscheidungskriterium angesehen werden können.

In unserem Beispiel würde dann die ineffiziente und damit bislang ausgeschlossene Aktion a_3: „Bewertung durch Fachkollegen" zu einem höheren Präferenzwert führen als die dominante Aktion a_2: „Bewertung der Lehre durch Studenten". Als relevante Daten der ursprünglich angesetzten Aktion a_3: „Bewertung durch Fachkollegen" ergeben sich:

$$\mu_3 = 95 \qquad \text{und} \qquad \sigma_3 = 49{,}24\,.$$

Aus Gleichsetzen der rechten Seiten von

$$\Phi(a_2) = 105 - \alpha \cdot 56{,}79 \text{ und } \Phi(a_3) = 95 - \alpha \cdot 49{,}24$$

folgt für den Risikoparameter der *kritische* Wert: $\alpha \geq 1{,}3$

In der vorliegenden Entscheidungssituation gelangt man somit zu einer mit dem Dominanzprinzip vereinbarenden Entscheidung! Dennoch zeigt sich aus dieser Überlegung, dass die vorliegende spezielle Ausprägung des (μ,σ)-Prinzips zu irrationalen Entscheidungen führen und damit nicht generell als rational im Sinne des Bernoulli-Prinzips interpretiert werden kann. Dieser Sachverhalt kann auch so formuliert werden, dass auf Seiten des Bernoulli-Prinzip keine RNF existiert, die zur Übereinstimmung von Nutzerwartungswert und Präferenzwert der betrachteten (μ,σ)-Regel führt. Soll nun allgemein die Rationalität des (μ,σ)-Prinzips untersucht werden (und akzeptiert man hierbei die Axiome des Bernoulli-Prinzips als rational), dann muss überprüft werden, welche spezifische (μ,σ)-Regel kompatibel zum Bernoulli-Prinzip ist. Anhand der folgenden Ausführungen wird gezeigt, dass die Verträglichkeit mit dem Bernoulli-Prinzip eine ganz bestimmte Form des (μ,σ)-Prinzip erfordert.

Spezifische (μ,σ)-Regel (Variante 2)

Es wird nun folgende quadratische (μ,σ)-Regel zugrunde gelegt:

$\Phi(\mu_i, \sigma_i) = \mu_i - \alpha \cdot (\mu_i^2 + \sigma_i^2)$; mit gewähltem α = 0,001

Für unsere betrachteten Alternativen ergeben sich damit folgende Präferenzwerte:

$$\Phi(a_1) = 75 - 0{,}001 \cdot (75^2 + 0^2) = 69{,}38$$
$$\Phi(a_2) = 105 - 0{,}001 \cdot (105^2 + 56{,}79^2) = 90{,}75$$

Das bedeutet auch bei Anwendung dieser Regel wird weiterhin Aktion a_2 präferiert. Zur Bestimmung des Sicherheitsäquivalents der Aktion a_2 gilt entsprechend:

$\Phi(S) = S - 0{,}001 \cdot S^2$ und gemäß Definition

$$S - 0{,}001 \cdot S^2 = \Phi(a_2)$$
$$S - 0{,}001 \cdot S^2 = 90{,}75$$

woraus für die (gerundete) Lösung sofort folgt: S = 100,93 bzw. S = 899,06

Wie anhand des Verlaufes der entsprechenden Indifferenzlinie gezeigt wird, kommt als sinnvolle Lösung nur S = 100,93 in Betracht (vgl. Abb. 4.10). Das Funktionsgesetz dieser Indifferenzkurve erhält man durch Umformung von

$\Phi(\mu_i, \sigma_i) = \mu_i - \alpha \cdot (\mu_i^2 + \sigma_i^2)$ zu $\sigma = \sqrt{\dfrac{\mu_i - \Phi(a_i)}{\alpha} - \mu_i^2}$

Im Beispiel gilt damit: $\sigma = \sqrt{1.000 \cdot [\mu - 90{,}75] - \mu^2}$

Die der betrachteten Form des (μ,σ)-Prinzips entsprechende Indifferenzlinie mit α = 0,001 vedeutlicht Abbildung 4.10.

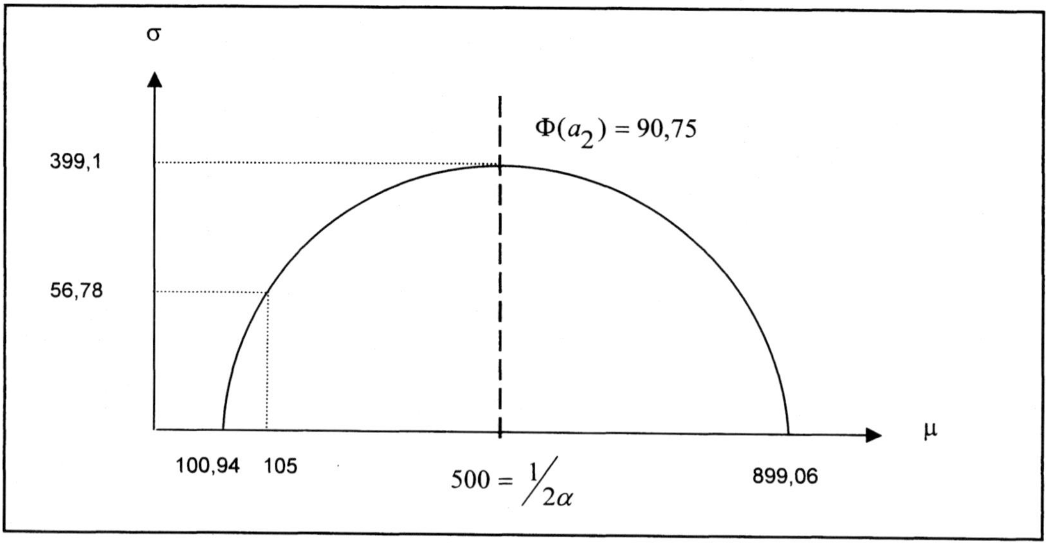

Abb. 4.10: Indifferenzlinie μ,σ-Regel

Die Indifferenzlinie stellt einen nach unten geöffneten Kreisbogen dar, der sein Maximum bei: $\mu^* = \frac{1}{2\alpha}$ erreicht. Wie bereits oben dargestellt impliziert Risikoscheu einen steigenden Verlauf der Indifferenzkurve, so dass der fallende Ast als zulässiger Bereich des Präferenzfeldes ausgeschlossen werden kann.

Die vorliegende Indifferenzkurve *könnte* somit allenfalls links vom Abzissenwert $\frac{1}{2\alpha}$ als rationaler Entscheidungsbereich interpretiert werden. Allerdings ist noch nicht ausgeschlossen, dass gegen das Dominanzprinzip verstoßen wird. Die Frage, ob die betrachtete Regel nun generell als rationale Entscheidungsregeln anzusehen ist, wird mit Rückgriff auf das Bernoulli-Prinzip beantwortet.

(3) Bernoulli-Prinzip

Entsprechend der Ausführungen in Kapitel 4.4 lautet der Ansatz des Bernoulli-Prinzips wie folgt:

Nicht das Ergebnis bzw. der Auszahlungsbetrag der verschiedenen Alternativen ist für den Entscheider von Bedeutung, sondern der ihm daraus entstehende Nutzen.

Dementsprechend wird nicht mehr auf Entscheidungsvorschriften zurückgegriffen, die die jeweiligen Präferenzwerte auf Basis von Ergebnisgrößen (e_{ij}) ermitteln. Es wird vielmehr zunächst allen Ergebniswerten einer Alternative mit Hilfe einer Zuordnungsvorschrift – der Risikonutzenfunktion (RNF) - ein Nutzenwert $u_{ij} = u(e_{ij})$ zugeordnet, wobei der entscheidungsrelevante Präferenzwert einer Alternative als Erwartungswert dieser Nutzenwerte zu ermitteln ist:

$$\Phi(a_i) = E(u(a_i)) = \sum_{j=1}^{n} u(e_{ij}) \cdot p_j$$

Zu wählen ist dann die Alternative, für die dieser Nutzenerwartungswert am größten ist.

Zur konkreten Anwendung des Bernoulli-Prinzips ist es zunächst einmal notwendig, die Nutzenfunktion des Entscheiders zu kennen, die seine individuelle Risikoeinstellung zum Ausdruck bringt. Für unser betrachtetes Beispiel wird angenommen, dass sich H bereits dem Aufwand einer ausführlichen *empirischen Erhebung* unterstellt hat, aus deren Erkenntnissen folgende quadratische RNF approximiert werden kann (eine Möglichkeit zur empirischen Bestimmung einer solchen Nutzenfunktion ist die in Kapitel 4.4 behandelte Bernoulli-Befragung):

$$u(e_{ij}) = e_{ij} - 0{,}001\ e_{ij}^2$$

Durch entsprechende Transformation der ursprünglichen Ergebniswerte gemäß Tabelle 4.2:

	s_1 (gute Bewertung)	s_2 (befriedigende Bewertung	s_3 (schlechte Bewertung)
a_1 (ohne Evaluation)	75	75	75
a_2 (Studenten)	150	100	0
p_j Wahrscheinlichkeiten	0,5	0,3	0,2

in Nutzenwerte ergibt sich folgende *Entscheidungsmatrix:*

	s_1 (gute Bewertung)	s_2 (befriedigende Bewertung	s_3 (schlechte Bewertung)
a_1 (ohne Evaluation)	69,38	69,38	69,38
a_2 (Studenten)	127,5	90	0
p_j Wahrscheinlichkeiten	0,5	0,3	0,2

Tabelle 4.3: Entscheidungsmatrix des Entscheidungsproblems

Für die (gerundeten) Erwartungswerte des Nutzen ergeben sich entsprechend:

$$E(u(a_1)) = 69{,}38$$
$$E(u(a_2)) = 0{,}5 \cdot 127{,}5 + 0{,}3 \cdot 90 + 0{,}2 \cdot 0 = 90{,}75$$

Damit bleibt die Entscheidung bei der Durchführung der Lehrevaluation durch die Studenten!

Wie zu sehen ist, entspricht die Höhe des Nutzenerwartungswertes genau dem Präferenzwert der zuletzt behandelten (μ,σ)-Regel. Es kann allgemein gezeigt werden, dass nur eine (μ,σ)-Regel in der Form

$$\Phi(\mu_i, \sigma_i) = \mu_i - \alpha \cdot (\mu_i^2 + \sigma_i^2)$$

kompatibel zum Bernoulli-Prinzip ist. Auf der Seite des Bernoulli-Prinzips resultiert aus dieser Präferenzfunktion eine - wie hier - unterstellte Nutzenfunktion der Form (zur analytischen Herleitung dieses Zusammenhangs vgl. Bitz 1981, S. 193 f.):

$$u(e_{ij}) = \sum_{j=1}^{n} (e_{ij} - \alpha \cdot e_{ij})^2$$

Insofern kann diese spezifische Form des (μ,σ)-Prinzips als *rational* im Sinne des Bernoulli-Prinzips interpretiert werden, wobei die oben angesprochene Einschränkung jetzt aus dem parabelförmigen Verlauf der RNF abgeleitet werden kann.

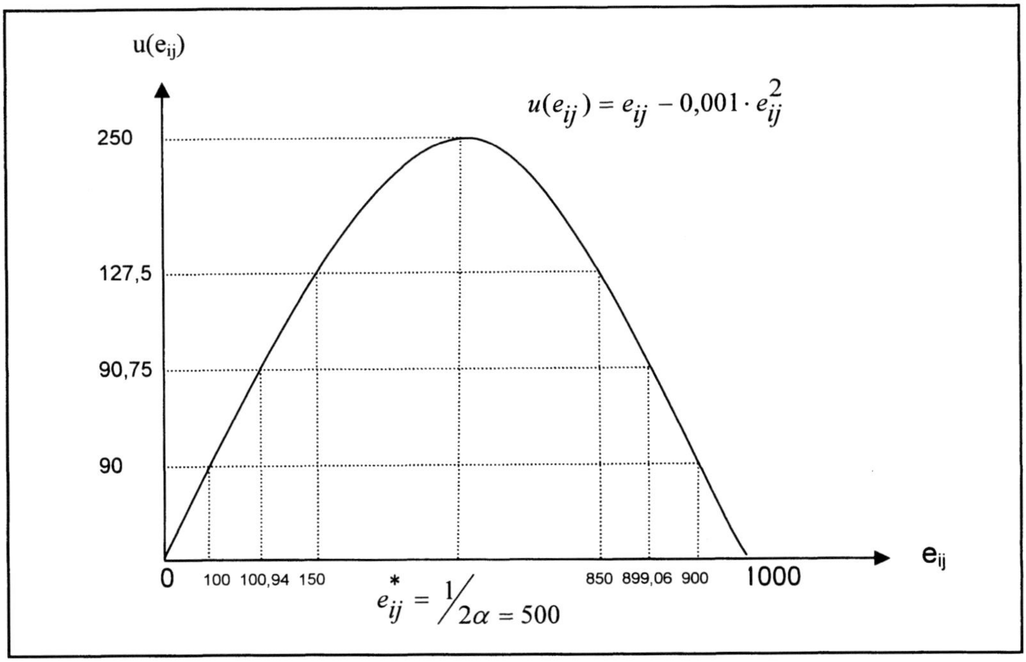

Abb. 4.11: Quadratische Nutzenfunktion

Offensichtlich ist es notwendig, bei einer quadratischen RNF die Ergebniswerte auf den Scheitelpunkt der Parabel $e_{ij} \leq e_{ij}^{*} = 500$ zu beschränken, da die Annahme, dass bei darüber hinausgehenden Ergebnissen der Nutzen mit wachsenden Ergebnissen wieder fällt, wenig sinnvoll erscheint. Sofern also $e_{ij} \leq e_{ij}^{*}$ eingehalten wird, ist sichergestellt, dass für die konkrete Entscheidungssituation nur der ansteigende Ast der Nutzenparabel relevant ist ($u(e_{ij}) > 0$).

Dass die RNF innerhalb des relevanten Ergebnisbereiches streng monoton wachsend verläuft, ist eine generelle Anforderung bei unterstellten positiven bewerteten Ergebnissen wie etwa Einkommen oder Gewinne (vgl. Pfohl/Braun 1981, S. 264).

Hinsichtlich der **Rationalität des (μ,σ)–Prinzips** ist abschließend festzuhalten, dass nur die spezifische Ausgestaltung des Prinzips (Präferenzfunktion bzw. (μ,σ)–Regel) in der Form: $\Phi(a_i) = \mu_i - \alpha(\mu_i^2+\sigma_i^2)$ mit $\alpha>0$ in Einklang mit dem Bernoulli-Prinzip steht. Die Übereinstimmung von Präferenzwert und Nutzenwert impliziert eine quadratische RNF mit folgender Gestalt: $u(e_{ij}) = \sum_{j=1}^{n} (e_{ij} - \alpha \cdot e_{ij})^2$. Ferner gilt die einschränkende Bedingung, dass diese (μ,σ)–Regel nur auf die Bewertung von Alternativen angewendet wird, für deren *Ergebnisse* durchgängig $e_{ij} \leq \frac{1}{2\alpha}$ gilt.

Wie in Kapitel 4.4 besprochen, lässt sich die Risikoeinstellung eines Entscheidungsträgers anhand der Krümmung (bzw. der Gestalt) der RNF ableiten.

In unserem Beispiel ist die Einstellung von H durch Risikoscheu gekennzeichnet. Dieser Sachverhalt ist in Abbildung 4.12 beispielhaft skizziert.

Die Risikoeinstellung spiegelt sich nun in der Gestalt der RNF wider. Verläuft die RNF - wie in Abbildung 4.12 veranschaulicht - konkav, sinkt der Grenznutzen mit steigendem Wert der Zielgröße X.

Ein Entscheider mit einer solchen RNF wird als risikoscheu bezeichnet, da er große Verluste überproportional, große Gewinne hingegen unterproportional hoch bewertet.

Zur Beantwortung der Frage, wie sich ein Entscheidungsträger mit einer solchen RNF verhält, kann auch anschaulich das Sicherheitsäquivalent herangezogen werden:

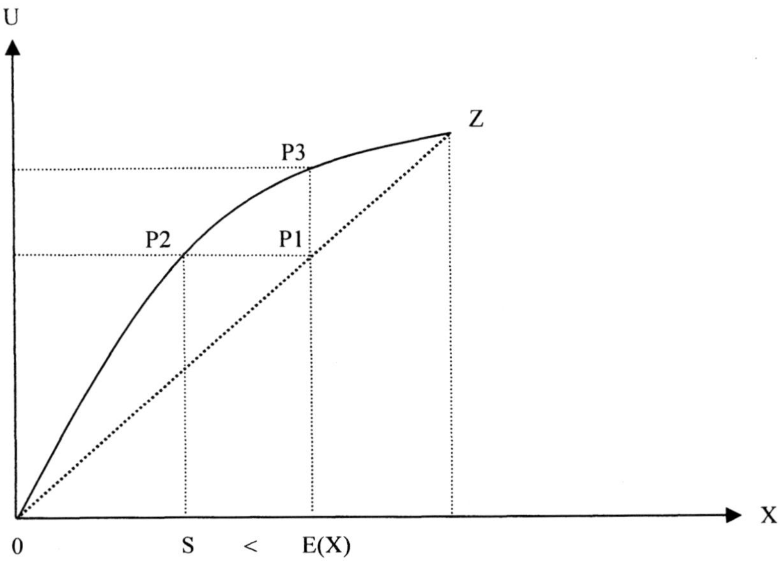

Abb. 4.12: Konkave Nutzenfunktion und Sicherheitsäquivalent

Wie in der Grafik deutlich wird, bringt ein *sicherer* Wert in Höhe des Erwartungwertes E(X) einen deutlich höheren Nutzen als eine betrachtete (zufallsabhängige) Alternative, die zu einem *gleich hohen* Erwartungswert führt. Die Strecke $\overline{OZ}$ kennzeichnet die einzelnen Werte, die sich bei einer Alternative $(e_1;p_1;e_2)$ ergeben, wenn die Wahrscheinlichkeit p_1 *zwischen* Null und Eins variiert. Sowohl für den beispielhaften Punkt E(X), der sich als Abzissenwert für ein bestimmtes p ergibt, als auch für alle weiteren relevanten Punkte auf der Abzisse ist der Wert der Geraden niedriger als der entsprechende Wert der Risikonutzenfunktion. Dies ergibt sich aufgrund des streng konkaven Verlaufes der RNF.

Aus diesem Grund wird die sichere Alternative der unsicheren Alternative eindeutig vorgezogen. Das bedeutet aber umgekehrt, dass das Sicherheitsäquivalent der unsicheren Alternative bzw. Wahrscheinlichkeitsverteilung stets *kleiner* sein muss als ihr Erwartungswert. Die Verwendung einer degressiv steigenden, d.h. konkaven, RNF führt dementsprechend zu risikoscheuen Entscheidungen.

Für eine konkave RNF gilt damit generell: $S < E(X)$

Aufgrund der Äquivalenz zwischen der verwendeten Form des (μ,σ)–Prinzips und dem Bernoulli-Prinzip ergibt sich rechnerisch für das Sicherheitsäquivalent der zuvor diskutierten quadratischen RNF $u(e_{ij}) = e_{ij} - 0{,}001\ e_{ij}^2$ natürlich wieder derselbe Wert, der bereits bei der (μ,σ)–Regel ermittelt wurde:

$E(u(S)) = u(S) = E(u(a_2)) \Leftrightarrow u(S) = 90{,}75$ und damit

$S - 0{,}001S^2 = 90{,}75$, woraus als relevante Lösung folgt: $\underline{S = 100{,}93}$

Als Ergebnis der betrachteten Entscheidungssituation sieht unser Hochschullehrer einer Bewertung seiner Lehre durch die Studenten zuversichtlich entgegen. In jedem Fall unterstützt er damit das gesetzte Ziel der Hochschulleitung, über Qualitätsurteile zu verfügen.

4.6 Übungen und Kontrollfragen

K 4.1: Erläutern Sie, warum die beim μ-Prinzip geforderte Erwartungswertmaximierung keine allgemeine Verhaltensnorm darstellt!

K 4.2: Erörtern Sie die Bedeutung des Sicherheitsäquivalents!

K 4.3: Wie erfolgt die Berücksichtigung der Risikopräferenz im Rahmen der Erwartungsnutzentheorie?

K 4.4 Für den risikofreudigen Entscheidungsträger gilt, dass das Sicherheitsäquivalent kleiner ist als der Erwartungswert der Wahrscheinlichkeitsverteilung. Hinsichtlich der RNF gilt, dass sie bei Risikofreude einen progressiv steigenden Verlauf hat (konvexe RNF). Veranschaulichen Sie sich diesen Zusammenhang grafisch.

Übung 4.1: Gegeben ist folgende Ergebnismatrix:

	s_1 $p_1 = 0{,}4$	s_2 $p_2 = 0{,}2$	s_3 $p_3 = 0{,}4$
a_1	10	20	5
a_2	7	15	10
a_3	20	0	5

Welche Reihenfolge der Alternativen a_i ergibt sich bei

a) unterstellter Risikoneutralität des Entscheidungsträgers?
b) Anwendung der (μ,σ) - Regel: $\Phi = 1{,}2\mu - 0{,}25\sigma$
c) Wie hoch ist bei Teilaufgabe b das Sicherheitsäquivalent der Alternativen a_1, a_2 und a_3?

Übung 4.2: (mit geänderten Zahlenwerten übernommen aus Dörsam 2007, S. 50 f.)
Ein Landwirt steht vor der Entscheidung, ob er im nächsten Jahr Weizen oder Erdbeeren anbauen soll. Die Erdbeeren könnten bewässert werden, so dass ihnen Trockenheit nichts ausmacht. Der Weizen würde hingegen unter starker Trockenheit sehr leiden. Gegeben ist folgende Ergebnismatrix, wobei die Matrixwerte den jeweils zu erzielenden Gewinn darstellen.

Wetter pj	heiß/trocken p_1=0,2	mild/trocken p_2=0,4	mild/feucht p_3=0,4
Weizen	900	2.500	6.400
Erdbeeren	10.000	8.100	4.900

Die angegebenen Wahrscheinlichkeiten für das Eintreten der Umweltzustände beruhen auf einer seit Generationen gesammelten Erfahrung. Ferner ist es ist auch seit Jahrhunderten in der Familie des Landwirts üblich, bei derartigen Entscheidungen folgende Risiko-Nutzen-Funktion anzuwenden: $RNF(e_{ij}) = \sqrt{e_{ij}}$

a) Für welche Alternative wird sich der Landwirt entscheiden?
b) Angenommen, ein anderer Landwirt möchte nun das betreffende Ackerland für das nächste Jahr pachten und bietet hierfür in einem ersten Angebot einen Pachtpreis in Höhe von 7.000 €. Wird ein Pachtvertrag auf Basis dieses Angebots zustande kommen bzw. welchen Preis wird unser Landwirt mindestens fordern?

Übung 4.3: Einem risikoneutralem Entscheidungsträger wird ein Glücksspiel angeboten, bei dem er 800 € mit der Wahrscheinlichkeit p und 200 € mit der Wahrscheinlichkeit 1-p gewinnen kann. Das Sicherheitsäquivalent des Spiels beträgt 600 €. Wie groß ist die Wahrscheinlichkeit bei diesem Spiel den Betrag in Höhe von 800 € zu gewinnen?

Übung 4.4: Ein Entscheidungsträger trifft seine Entscheidungen anhand der Risikonutzenfunktion $u(e) = 6e^2 + 30$. Ihm wird ein Glücksspiel angeboten, das mit einer Wahrscheinlichkeit von 40% ein Ergebnis von 70 € und mit einer Wahrscheinlichkeit von 60% ein Ergebnis von 10 € liefert. Welcher sicherer Betrag müsste dem

Entscheidungsträger angeboten werden, damit er auf das Glücksspiel verzichtet? Welche Risikoeinstellung hat der Entscheidungsträger?

Übung 4.5: Es ist folgende Ergebnismatrix gegeben:

	s_1 $p_1 = 0{,}25$	s_2 $p_2 = 0{,}25$	s_3 $p_3 = 0{,}5$
a_1	10	12	9
a_2	10	9	9

Für die Entscheidungsfindung ist folgende Präferenzfunktion (mit α=1) relevant: $\Phi(a_i) = \mu_i - \sigma_i$. Überprüfen Sie, ob eine Entscheidung auf Basis der vorliegenden (μ,σ)-Regel sinnvoll ist!

Übung 4.6: Es ist von folgender Ergebnismatrix (mit Wahrscheinlichkeiten) auszugehen:

	s_1 $p_1 = 0{,}2$	s_2 $p_2 = 0{,}1$	s_3 $p_3 = 0{,}3$	s_4 $p_4 = 0{,}2$	s_5 $p_5 = 0{,}2$
a_1	20	30	10	0	20
a_2	0	10	20	10	20

Überprüfen Sie grafisch und numerisch, ob Wahrscheinlichkeitsdominanz vorliegt!

Übung 4.7: Die beiden Geschäftsführer der Muster GmbH haben eine unterschiedliche Auffassung hinsichtlich der Bewertung unsicherer Gewinne. Geschäftsführer I stuft eine Wahrscheinlichkeitsverteilung, die einen Gewinn von 8.000 € mit einer Wahrscheinlichkeit von 10% und einen Gewinn von 600 € mit einer Wahrscheinlichkeit von 90% erbringt, gleich ein mit einem sicheren Gewinn von 1.500 €. Geschäftsführer II bewertet hingegen eine Wahrscheinlichkeitsverteilung, die einen Gewinn von 8.000 € mit einer Wahrscheinlichkeit von 70% und einen Gewinn von 600 € mit einer Wahrscheinlichkeit von 30% erbringt, als gleichwertig mit einem sicheren Gewinn von 5.500 €. Welche Risikoeinstellungen haben die beiden Geschäftsführer?

Übung 4.8: Ein Briefmarkensammler hat auf einer Auktion eine Sammlung im Wert von 50.000 € erworben. Die Wahrscheinlichkeit, dass die Sammlung gestohlen oder durch Feuchtigkeit vernichtet wird, schätzt er auf 1%. Eine Versicherung bietet ihm für eine

Prämie von 1.000 € Versicherungsschutz an. Der Sammler gilt als risikoscheu. Wird er die Versicherung abschließen?

Übung 4.9:
Ein Unternehmer möchte auf Basis folgender Datenkonstellation eine Entscheidung zur Wertpapieranlage treffen.

Wertpapier	μ	σ	$\rho_{1,2}$
A	10%	10%	0,25
B	20%	20%	

Gegeben sind die Zielfunktion des Unternehmers mit: $\Phi = 14 \cdot \mu - \sigma^2$ sowie die Effizienzlinie: $\sigma_p^2 = 4 \cdot \mu_p^2 - 90 \cdot \mu_p + 600$

a. Welches der beiden Wertpapiere würde der Unternehmer bei einer ausschließlichen Investition in nur ein Wertpapier vorziehen?
b. Der Unternehmer möchte nun in ein „gemischtes" Portefeuille investieren. Wie hoch sind die zu erwartende Rendite μ_p und das Risiko σ_p des optimalen Portefeuilles?
c. Aus welchen Anteilen von Wertpapier A und B setzt sich das optimale Portefeuille zusammen?
d. Wie hoch ist das Sicherheitsäquivalent der zu a) und b) ermittelten optimalen Anlage?
e. Lässt sich durch die Anlage in das optimale Portefeuille das Risiko im Vergleich zur Einzelanlage verringern? Wie groß ist im betrachteten Fall ggf. dieser Diversifikationseffekt?

Übung 4.10:
In nachfolgender Tabelle sind die unsicheren Renditen $\tilde{r}_i$ der Wertpapiere (i = 1, 2) in Abhängigkeit vom Umweltzustand j sowie die Eintrittswahrscheinlichkeiten p_j der möglichen Umweltzustände eingetragen. Gesucht sind die **zwölf** Kenngrößen der freien Tabellenfelder.

Umweltzustand		Aktie		Portefeuille
j	p_j	$\tilde{r}_1$	$\tilde{r}_2$	mit: $x_1=1/2$, $x_2=1/2$
1	0,25	-2,00	5,00	
2	0,25	6,00	-7,00	
3	0,25	9,00	12,00	
4	0,25	11,00	14,00	
μ				
σ^2				
σ				
„Durchschnittsrisiko" ($DR = x_1 \sigma_1 + x_2 \sigma_2$)				
$cov(\tilde{r}_1, \tilde{r}_2)$				
$\rho_{1,2}$				

5 Entscheidungen über Informationsbeschaffung

Lernziele Kapitel 5
Nach dem Durcharbeiten des 5. Kapitels sollten Sie in der Lage sein, • Entscheidungen bei variabler Informationsstruktur nach Art des zugrunde liegenden Informationssystems zu unterscheiden, • die Beschaffung von Informationen als Entscheidungsproblem zu modellieren und mit Hilfe adäquater Entscheidungsregeln zu lösen.

5.1 Entscheidungstheoretische Rahmensetzung

Ein Entscheidungsträger geht bei der Lösung eines Entscheidungsproblems zunächst zwangsläufig von seinem subjektiven Informationsstand aus. Der aktuell vorhandene Kenntnisstand ist allerdings nicht unveränderlich, sondern kann durch gezielte Informationsbeschaffung verbessert werden. Die Beschaffung zusätzlicher Informationen ist jedoch im Allgemeinen nicht kostenlos, so dass sich ein rationaler Entscheider nur dann zu einem zusätzlichen Informationsbezug entschließt, sofern der Wert bestimmter Informationen höher ist als deren Kosten. Die Ermittlung dieses Informationswertes wird anhand eines Beispiels unter der Prämisse **vollkommener** Information bzw. **unvollkommener** Information vorgenommen (i.W. nach Hagenloch 2004b).

Im Folgenden wird deutlich, dass es sich bei Entscheidungen über Informationsbeschaffung bzw. (was dasselbe ausdrückt) Entscheidungssituationen mit **variabler Informationsstruktur** grundsätzlich um Entscheidungsprobleme bei Risiko handelt (vgl. Laux 2003, S. 337). Aufgrund des spezifischen Charakters derartiger Entscheidungsprobleme werden sie in diesem Buch aber separat behandelt.

Eine Entscheidung unter Risiko ist allgemein dadurch gekennzeichnet, dass dem Entscheidungsträger zum Zeitpunkt der Entscheidung nicht bekannt ist, welcher von verschiedenen Umweltzuständen eintritt. Allerdings liegen ihm bzgl. der möglichen Umweltzustände - entsprechend seines bisherigen Kenntnisstandes „a priori“ angenommene - Eintrittswahrscheinlichkeiten vor. Durch die Nutzung vorhandener Informationssysteme (z.B. Medien, betriebliche bzw. private Informationsquellen) kann der

Entscheidungsträger nun selbst dazu beitragen, seinen **derzeitigen Informationsstand** hinsichtlich des Entscheidungsproblems zu verbessern.

Solche Informationssysteme werden in der Entscheidungstheorie danach charakterisiert, welche Rückschlüsse aus einer empfangenen Information auf die **Eintrittswahrscheinlichkeit der verschiedenen Umweltzustände** getroffen werden (vgl. Bamberg/Coenenberg 2006, S.18 ff.):

- Bei Einschaltung eines **vollkommenen Informationssystems** (Gutachten von Experten, Spionage, Datenbankabfragen etc.) kann aus den erhaltenen Informationen mit Sicherheit auf den Eintritt eines bestimmten Umweltzustands geschlossen werden.

- Bei Einschaltung eines **unvollkommenen** Informationssystems (z.B. Durchführung von Stichproben auf einem Testmarkt vor der Einführung eines neuen Produktes) kann hingegen nicht auf den zukünftig eintretenden (wahren) Umweltzustand geschlossen werden, der Entscheidungsträger wird aber durch den Informationszugang in die Lage versetzt, sein ursprünglich angenommenes (a priori-) Wahrscheinlichkeitsurteil zu revidieren. Aufgrund der neuen Erkenntnisse lassen sich jetzt verbesserte Schätzungen der Eintrittswahrscheinlichkeiten der Umweltzustände ableiten (so genannte "a posteriori"-Wahrscheinlichkeiten).

Aus entscheidungstheoretischer Sicht steht nun bei beiden Informationsbeschaffungsmöglichkeiten die Frage im Mittelpunkt, ob bestimmte Informationen beschafft werden sollen oder nicht. Die Beantwortung dieser Frage erfordert daher stets eine Gegenüberstellung von Kosten und Wert der Information, wobei die Ermittlung und Höhe des Informations*wertes* davon abhängig ist, ob die Informationsbeschaffung auf Basis eines vollkommenen oder eines unvollkommenen Informationssytems erfolgt.

Bei der Bewertung von Informationen wird von folgenden Annahmen ausgegangen (vgl. Laux 2003, S. 345 f.):

(a) Der Entscheider orientiert sich ausschließlich an der Zielgröße Gewinn. Der Gewinn vor (nach) Abzug der Informationskosten wird als Brutto- (Netto-) Gewinn bezeichnet.
(b) Die Bruttogewinne sind unabhängig von der Entscheidung, ob Informationen beschafft werden oder nicht.
(c) Bei unterstellter Risikoneutralität orientiert sich der Entscheider am Erwartungswert des Gewinns.

Der gesuchte Informationswert ermittelt sich bei Risikoneutralität als Differenz zwischen dem Gewinnerwartungswert (vor Abzug der Informationskosten) bei Entscheidung *mit* Informationsbeschaffung (EI) und dem Gewinnerwartungswert bei Entscheidung *ohne* Informationsbeschaffung (E).

Für den Informationswert (IW) gilt somit: **IW = EI – E**

Zieht man nun die **Kosten der Informationsbeschaffung** hinzu, dann ist die Durchführung der Informationsbeschaffung vorteilhaft, wenn der Informationswert höher als die Informationskosten ist. Sofern im umgekehrten Fall die Kosten bestimmter Informationen deren Wert übersteigen, ist entsprechend die Informationsbeschaffung gegenüber der Entscheidung ohne zusätzliche Information nachteilig.

Der Informationswert bezieht sich stets auf die Entscheidungssituation vor Kenntnis des Informationsergebnisses, da die Entscheidung darüber, ob Informationsbeschaffungsmaßnahmen durchgeführt werden oder nicht, ebenfalls vor dem Informationszugang getroffen werden muss. Es bleibt also selbst bei Einschaltung vollkommener Informationssysteme bei einer **Entscheidung unter Risiko**, da im Zeitpunkt der Informationsbeschaffung, die zugehende konkrete Information noch nicht bekannt ist (vgl. Sieben/Schildbach 1994, S. 78).

5.2 Ermittlung des Informationswerts

Entsprechend der oben vorgenommenen Systematisierung von Informationssystemen ist zwischen dem **Informationswert** bei

- **vollkommener** Information
- **unvollkommener** Information

zu unterscheiden.

1. Informationswert bei vollkommener Information

Nach den bisherigen Ausführungen spricht man von einer Entscheidungssituation bei vollkommener Information, wenn der Entscheidungsträger nach Informationserhalt mit

Sicherheit auf den wahren, d.h. den in Zukunft eintretenden, Umweltzustand schließen kann. Wegen des sicheren Rückschlusses kann er sich sodann in jedem Umweltzustand für diejenige Handlungsalternative entscheiden, die den höchsten Gewinn verspricht. Der Gewinnerwartungswert bei Entscheidung mit Information (EI) ermittelt sich daher aus den für jeden Umweltzustand jeweils größtmöglichen Ergebnissen gewichtet mit den entsprechenden Eintrittswahrscheinlichkeiten. Ohne Informationsbeschaffung wählt ein risikoneutraler Entscheidungsträger hingegen jene Handlungsalternative, die den Gewinnerwartungswert (E) maximiert.

Der Informationswert ermittelt sich somit als:

$$IW = \sum_{j=1}^{n} p_j \max_i e_{ij} - \max_i \sum_{j=1}^{n} p_j e_{ij}$$

Im Folgenden wird die Bestimmung des Informationswertes anhand einer konkreten Entscheidungssituation illustriert.

Beispiel 5.1: Ein Mitarbeiter einer Beratungsgesellschaft steht vor folgender Entscheidungssituation: Er kann zum einen eine von der Gesellschaft für seine vergangenen Leistungen in Aussicht gestellte (sichere) Sonderzahlung in Höhe von 9.000 € annehmen. Zum anderen hat ihm das Beratungsunternehmen (das sich stärker an den Bedürfnissen der Kunden ausrichten möchte und daher sehr an Kundenurteilen bzgl. der Beratungsqualität interessiert ist), die Möglichkeit angeboten, sich einer Mandantenbewertung zu unterziehen. Die Prämie, die die Gesellschaft in diesem Fall zu zahlen bereit ist, hängt nun davon ab, wie die Bewertungsergebnisse ausfallen. Die Bewertung erfolgt auf Basis von Schulnoten, wobei die relevanten durchschnittlichen Ergebnisse durch die drei Klassen „gute Beratung" (bis 2,5), „befriedigende Beratung" (bis 3,5) und „schlechte Beratung" (> 3,5) definiert sind. Die folgende Gewinnmatrix (vgl. Tab. 5.1) gibt an, welche Auszahlungen (in Tausend EURO) den möglichen Bewertungsergebnissen entsprechen, wobei die sichere (von den möglichen Beratungsergebnissen unabhängige) Auszahlung aus Darstellungsgründen mit aufgenommen ist. Zusätzlich ausgewiesen sind die angenommenen a priori-Wahrscheinlichkeiten, die der Mitarbeiter den einzelnen Umweltzuständen zuordnet. Weiterhin wird angenommen, dass die Kosten der vollkommenen Information 1.000 € betragen.

In Tsd-EURO	S_1 (gute Beratung)	S_2 (befriedigende Beratung)	S_3 (schlechte Beratung)
A_1 (keine Bewertung)	9	9	9
A_2 (Bewertung)	16	10	0
p_j Wahrscheinlichkeiten	0,5	0,3	0,2

Tab. 5.1: A priori-Gewinnmatrix des Mitarbeiters

Für die Ermittlung des Wertes der vollkommenen Information sind zunächst die Erwartungswerte der zur Auswahl stehenden Handlungsalternativen zu berechnen:

$$\mu_1 = 9$$
$$\mu_2 = 0{,}5 \cdot 16 + 0{,}3 \cdot 10 + 0{,}2 \cdot 0 = 11$$

Der Mitarbeiter wird sich damit bei alleiniger Orientierung am Erwartungswert (ohne zusätzliche Informationsbeschaffung) für Alternative a_2 entscheiden. Allgemein kann festgehalten werden, dass bei der unterstellten Risikoneutralität des Entscheiders beide Alternativen erst dann als gleichwertig bewertet werden, wenn der sichere Auszahlungsbetrag der Beratungsgesellschaft auf den Erwartungswert der unsicheren Alternative angehoben wird (= Sicherheitsäquivalent des zufallsabhängigen Ergebnisses). Der für die Ermittlung des Informationswertes relevante Erwartungswert ohne Informationsbeschaffung beträgt somit 11 T€.

Im nächsten Schritt ist das Ergebnis zu ermitteln, welches bei vollkommener Information (EI) zu erwarten wäre:

$$EI = 0{,}5 \cdot 16 + 0{,}3 \cdot 10 + 0{,}2 \cdot 9 = 12{,}8$$

Damit ergibt sich ein Informationswert (IW) in Höhe von:

$$IW = 12{,}8 - 11 = 1{,}8\ T€$$

Nach der Definition des Infomationswerts kann seine Berechnung auch auf Basis der in in Kapitel 3.2 behandelten Schadens- bzw. Opportunitätskostenmatrix S (mit den Werten s_{ij}) erfolgen (vgl. Bamberg/Coenenberg 2006, S. 154):

$$IW = \min_i \left(\sum_j p_j \max_k e_{kj} - \sum_j p_j e_{ij} \right) =$$

$$\min_i \sum_j p_j \left(\max_k e_{kj} - e_{ij} \right)$$

$$\min_i \sum_j p_j s_{ij}$$

Die Schadensmatrix lautet im Beispiel (hier in Matrizenschreibweise):

$$S = \begin{pmatrix} 7 & 1 & 0 \\ 0 & 0 & 9 \end{pmatrix}$$

Die bei den Alternativen zu erwartenden Oportunitätskosten sind $\mu_1 = 3{,}8$ und $\mu_2 = 1{,}8$
Hieraus ergibt sich wieder der Informationswert: $IW = 1{,}8\ T€$

Aus Sicht des Mitarbeiters der Gesellschaft ist die Informationsbeschaffung somit vorteilhaft, da die Informationskosten mit 1.000 € niedriger ausfallen als der Informationswert in Höhe von 1.800 €. Mit dem Informationswert bei vollkommener Information ist zugleich die obere Grenze für den noch vorzustellenden Informationswert bei unvollkommener Information markiert. Befindet man sich in einer Entscheidungssituation, die nur die Beschaffung unvollkommener Information ermöglicht, und fallen deren Kosten bereits höher aus als der Informationswert bei vollkommener Information, kann man mit Sicherheit sagen, dass es vorteilhaft ist, auf die Informationsbeschaffung zu verzichten (vgl. Bamberg/Coenenberg 2006, S. 155).

2. Informationswert bei unvollkommener Information

Bislang wurde eine Entscheidungssituation unterstellt, in der es zur Verbesserung des Informationsstandes möglich ist, auf ein vollkommenes Informationssystem zurückzugreifen. Da derartige Entscheidungssituationen i.d.R. in der Praxis kaum vorliegen bzw. eine vollkommene Information nur selten zu vertretbaren Kosten zu beschaffen sein dürfte, wird sich im Folgenden auch der Entscheidungsträger in unserem Beispielfall damit begnügen müssen, unvollkommene Informationen zu beziehen. Es bleibt auch in diesem Fall bei derselben Fragestellung: Lohnt sich eine Informationsbeschaffung oder nicht bzw. welcher Betrag sollte maximal für das Einholen von Informationen ausgegeben werden, ohne dass die Informationsbeschaffung nachteilig wird? Eine Antwort auf diese Fragen erhält man wiederum durch einen Vergleich des **Wertes der Information mit den Kosten der Informationsbeschaffung**.

Im Unterschied zu Entscheidungen bei vollkommener Information kann bei unvollkommener Information nicht mehr aus dem Zugang einer bestimmten Information mit Sicherheit auf den künftig eintretenden Umweltzustand geschlossen werden. Allerdings kann ein Entscheidungsträger aufgrund der eingehenden Information sein ursprünglich angenommenes (a priori-) Wahrscheinlichkeitsurteil über die künftigen Zustände korrigieren. Diese neuen (a posteriori-) Wahrscheinlichkeiten spiegeln dabei den neuen Erkenntnisstand wider, den man durch Stichprobendaten - beispielsweise durch Marktstudien auf einem Testmarkt bei der Einführung neuer Produkte - gewonnen hat. Während der zuvor behandelte Informationswert bei vollkommener Information relativ einfach aus der a priori-Ergebnismatrix abgeleitet werden konnte, erweist sich die Berechnung des Informationswertes bei unvollkommener Information wesentlich komplizierter.

Der Zusammenhang zwischen der a priori angenommenen Wahrscheinlichkeitsverteilung der Umweltzustände (vor Informationsbezug) und deren a posteriori Eintrittswahrscheinlichkeiten (nach dem Zugang zusätzlicher Informationen) wird mit Hilfe des **Theorems von Bayes** beschrieben. Die Transformation des ursprünglichen Wahrscheinlichkeitsurteils in die a posteriori Verteilung erfolgt dabei mit Hilfe so genannter **Likelihoods** (bedingte Wahrscheinlichkeiten), die die stochastische Abhängigkeit zwischen Umweltzustand und Informationsergebnis ausdrücken (vgl. zum Folgenden auch Manz/Dahmen/Hoffmann 2000, S. 52 f.):

$p(I_i \mid S_s) =$ (bedingte) Wahrscheinlichkeit für das Informationsergebnis I_i, falls S_s der wahre Zustand ist.

Die Likelihoods drücken somit aus, wie zuverlässig die neuen (Stichproben-) Informationen in Bezug auf den tatsächlichen Zustand sind.

Die weiteren Faktoren, die bei der Rechnungsvorschrift nach dem Bayes´schen Theorem Anwendung finden, können wie folgt beschrieben werden:

$p(S_s)$ = a priori – Wahrscheinlichkeit für den Umweltzustand S_s

$p(S_s \mid I_i) =$ a posteriori – Wahrscheinlichkeit; (bedingte) Wahrscheinlichkeit für das Eintreten des Umweltzustandes S_s unter der Voraussetzung, dass I_i das Ergebnis der Informationsbeschaffung ist.

Für die gemeinsame Wahrscheinlichkeit, dass sowohl die Information I_i eingeht und ein bestimmter Umweltzustand S_s eintritt gilt ferner

$$p(I_i \cap S_s) = p(S_s \mid I_i) \cdot p(I_i) = p(I_i \mid S_s) \cdot p(S_s)$$

und damit für die a posteriori - Wahrscheinlichkeit

$$p(S_s \mid I_i) = \frac{p(I_i \mid S_s) \cdot p(S_s)}{p(I_i)},$$

Die Wahrscheinlichkeit für das Informationsergebnis $p(I_i)$ ergibt sich nach dem Satz der totalen Wahrscheinlichkeit als Summe der gemeinsamen Wahrscheinlichkeiten von Umweltzustand und (relevanter) Information I_i (vgl. Bamberg/Baur 2002, S. 87; vgl. dazu auch Pflaumer/Heine/Hartung 2001, S. 19):

$$p(I_i) = \sum_{s=1}^{S} p(I_i \mid S_s) \cdot p(S_s)$$

Für positive $p(I_i)$ gilt damit folgende Gleichung (Bayes´sche Theorem):

$$p(S_s \mid I_i) = \frac{p(I_i \mid S_s) \cdot p(S_s)}{\sum_{s=1}^{S} p(I_i \mid S_s) \cdot p(S_s)}$$

Der Beziehungszusammenhang zeigt auf, wie die a posteriori – Verteilung $p(S_s \mid I_i)$ aus den a priori - Wahrscheinlichkeiten $p(S_s)$ gewonnen werden kann, wenn die Likelihoods $p(I_i \mid S_s)$ bekannt sind.

Nach der Darstellung der formalen Struktur des Theorems von Bayes verdeutlicht ein Beispiel die konkrete Anwendung. Hierzu wird auf die bereits erläuterte Entscheidungssituation zurückgegriffen, wobei jetzt unterstellt wird, dass nur unvollkommene Information beschafft werden kann:

Beispiel 5.2: Fortführung des Beispiels 5.1 zur Ermittlung des Informationswertes bei unvollkommener Information.

In Tsd-EURO	**S_1 (gute Beratung)**	**S_2 (befriedigende Beratung)**	**S_3 (schlechte Beratung)**
A_1 (keine Bewertung)	9	9	9
A_2 (Bewertung)	16	10	0
p_j Wahrscheinlichkeiten	0,5	0,3	0,2

Tab. 5.2: A priori-Gewinnmatrix des Mitarbeiters

Der Mitarbeiter des Beispielunternehmens kann die Bewertung seiner Beratungsleistungen durch die Mandanten entweder direkt (auszahlungswirksam) über sich ergehen lassen oder aber zur Prognoseverbesserung seines momentanen Wahrscheinlichkeitsurteils zunächst eine Agentur mit der Durchführung einer „Markt"-Studie beauftragen. Im Rahmen dieser Studie sollen repräsentative Mandanten ausgewählt, interviewt und zur Abgabe eines Urteils bzgl. seiner Leistung aufgefordert werden. Wie teuer darf nun diese Studie maximal sein, damit sie sich noch als vorteilhaft für die Entscheidungssituation erweist? Bis zu welchem Betrag lohnt es sich also, die zusätzlichen Informationen einzuholen, wobei weiterhin unterstellt wird, dass der Entscheidungsträger risikoneutral ist?

Die möglichen Informationsergebnisse des „Testmarktes" sind:

I_1 = gute Beratungsleistung,
I_2 = befriedigende Beratungsleistung und
I_3 = schlechte Beratungsleistung.

Aufgrund ähnlicher Untersuchungen in der Vergangenheit kann ferner die Verlässlichkeit des Testmarktresultates in Bezug auf den tatsächlichen Bewertungserfolg (bzw. Misserfolg) wie folgt angegeben werden (Likelihoods, vgl. Tab. 5.3):

	S_1	S_2	S_3
I_1	0,60	0,30	0,10
I_2	0,25	0,50	0,25
I_3	0,15	0,20	0,65

Tabelle 5.3: Verlässlichkeit des Informationsergebnisses (Likelihoods)

Mit Hilfe des Bayes´schen Theorems können jetzt die a posteriori Wahrscheinlichkeiten $p(Z_z|I_i)$ ermittelt werden:

$$p(S_s \mid I_i) = \frac{p(I_i \mid S_s) \cdot p(S_s)}{\sum_{s=1}^{S} p(I_i \mid S_s) \cdot p(S_s)}$$

wobei

$$p(I_i) = \sum_{s=1}^{S} p(I_i \mid S_s) \cdot p(S_s)$$

Aus

$$p(I_1) = \sum_{s=1}^{S} p(I_1 \mid S_s) \cdot p(S_s) = 0{,}60 \cdot 0{,}5 + 0{,}30 \cdot 0{,}3 + 0{,}10 \cdot 0{,}2 = 0{,}410$$

$$p(I_2) = \sum_{s=1}^{S} p(I_2 \mid S_s) \cdot p(S_s) = 0{,}25 \cdot 0{,}5 + 0{,}50 \cdot 0{,}3 + 0{,}25 \cdot 0{,}2 = 0{,}325$$

$$p(I_3) = \sum_{s=1}^{S} p(I_3 \mid S_s) \cdot p(S_s) = 0{,}15 \cdot 0{,}5 + 0{,}20 \cdot 0{,}3 + 0{,}65 \cdot 0{,}2 = 0{,}265$$

folgt sogleich für die a posteriori - Wahrscheinlichkeiten

$$p(S_1 \mid I_1) = \frac{p(I_1 \mid S_1) \cdot p(S_1)}{p(I_1)} = \frac{0{,}60 \cdot 0{,}5}{0{,}410} = 0{,}732$$

$$p(S_1 \mid I_2) = \frac{p(I_2 \mid S_1) \cdot p(S_1)}{p(I_2)} = \frac{0{,}25 \cdot 0{,}5}{0{,}325} = 0{,}385$$

$$p(S_1 \mid I_3) = \frac{p(I_3 \mid S_1) \cdot p(S_1)}{p(I_3)} = \frac{0{,}15 \cdot 0{,}5}{0{,}265} = 0{,}283$$

Die weiteren a posteriori – Wahrscheinlichkeiten ergeben sich analog als

$p(S_2 \mid I_1) = 0{,}219$ $\quad p(S_2 \mid I_2) = 0{,}461$ $\quad p(S_2 \mid I_3) = 0{,}226$

$p(S_3 \mid I_1) = 0{,}049$ $\quad p(S_3 \mid I_2) = 0{,}154$ $\quad p(S_3 \mid I_3) = 0{,}491$

Auf Basis der revidierten (a posteriori-) Wahrscheinlichkeiten kann im nächsten Schritt der Frage nachgegangen werden, ob sich die Informationsbeschaffung überhaupt als vorteilhaft erweist oder nicht.

Bei der Bestimmung des Informationswertes, der den Informationskosten gegenüberzustellen ist, werden zuerst die optimalen Handlungsalternativen nach Informationsbezug (Erwartungswertregel auf Grundlage der a posteriori-Wahrscheinlichkeiten) ermittelt (vgl. Tab. 5.4-5.6):

	S_1	S_2	S_3	$\mu(I_1)$
A_1	9	9	9	9
A_2	16	10	0	13,91
$p(S_s \mid I_1)$	0,732	0,220	0,049	

Tab. 5.4: Annahme I_1 ist das Informationsergebnis

Würde das Studienergebnis zu einer gut bewerteten Beratungsleistung führen, dann würde sich der Mitarbeiter für a_2 entscheiden, da damit ein höherer Gewinnerwartungswert verknüpft ist.

	S_1	S_2	S_3	$\mu(I_2)$
A_1	9	9	9	9
A_2	16	10	0	10,78
$p(S_s \mid I_2)$	0,385	0,462	0,154	

Tab. 5.5: Annahme I_2 ist das Informationsergebnis

Ist das Ergebnis des Testmarktes eine befriedigende Leistungsbewertung, dann würde die Wahl ebenfalls a_2 lauten.

	S_1	S_2	S_3	$\mu(I_3)$
A_1	9	9	9	9
A_2	16	10	0	6,79
$p(S_s \mid I_3)$	0,283	0,226	0,491	

Tab. 5.6: Annahme I_3 ist das Informationsergebnis

Bei einer als schlecht bewerteten Leistung weist die Aktion a_1 einen höheren Erwartungswert aus. Entsprechend entscheidet sich der Mitarbeiter für den angebotenen sicheren Auszahlungsbetrag. Der für die Ermittlung des Informationswert relevante Erwartungswert ohne Information (E) ist bereits bekannt und beträgt 11 T€ (Aktion a_2). Mit Informationsbeschaffung errechnet sich der **Erwartungswert** (EI) aus der jeweiligen **Wahrscheinlichkeit des Informationsergebnisses** $p(I_i)$ und dem bei diesem Informationsstand **maximalen Gewinnerwartungswert**:

$$EI = 0{,}410 \cdot 13{,}91 + 0{,}325 \cdot 10{,}78 + 0{,}265 \cdot 9 = 11{,}59 \text{ T€}.$$

Damit ergibt sich folgender Informationswert:

$$IW = EI - E = 11{,}59 - 11{,}00 = \underline{0{,}59\,T€}$$

Gehen wir zur Illustration zunächst weiterhin von Informationskosten in Höhe von 1.000 € aus, dann ist aus Sicht des Mitarbeiters der Gesellschaft die Informationsbeschaffung bei unvollkommener Information nicht mehr vorteilhaft: der Wert der Information fällt mit 590 € geringer aus als deren Kosten. Natürlich ist anzunehmen, dass die Informationsbeschaffungskosten bei unvollkommener Information ungleich niedriger ausfallen dürften als dies bei vollkommener Information der Fall ist. Für unser Beispiel bedeutet das konkret, dass die Beschaffung der unvollkommenen Information nicht teurer sein darf als 590 €, damit sie sich als vorteilhaft für die betrachtete Entscheidungssituation erweist.

Folgende Tabelle stellt abschließend ein Berechnungsschema vor, mit sich (bei gegebenen Likelihoods und a priori-Wahrscheinlichkeiten) alle gesuchten Rechengrößen der besprochenen Aufgabe simultan und übersichtlich ableiten lassen (nach von Nitzsch 2002, S. 222).

		Likelihoods $p(I_i \mid S_i)$			**Gemeinsame Wahrscheinlichkeiten** $p(I_i \cap S_s)=p(I_i \mid S_s)\, p(S_s)\cdot$			**A posteriori-Wahrscheinlichkeiten** $p(S_s \mid I_i)=p(S_s \cap I_i)/p(I_i)$		
	$p(S_s)$	I_1	I_2	I_3	I_1	I_2	I_3	I_1	I_2	I_3
S_1	0,5	0,60	0,25	0,15	0,30	0,125	0,075	**0,731**	**0,385**	**0,283**
S_2	0,3	0,30	0,50	0,20	0,09	0,15	0,06	**0,219**	**0,461**	**0,226**
S_3	0,2	0,10	0,25	0,65	0,02	0,05	0,13	**0,049**	**0,154**	**0,491**
					$p(I_1)=$ 0,410	**$p(I_2)=$ 0,325**	**$p(I_3)=$ 0,265**	1	1	1

Tab. 5.7: Berechnungsschema zur Ermittlung der a posteriori-Wahrscheinlichkeiten

5.3 Übungen und Kontrollfragen

K 5.1: Worin besteht ein wesentlicher Unterschied zwischen einer Entscheidungssituation bei vollkommener und unvollkommener Information?

K 5.2: Führt die Nutzung vollkommener Informationssysteme das Entscheidungsproblem bei Risiko auf ein Entscheidungsproblem bei Sicherheit zurück?

K 5.3: Welche Folgerung kann aus dem Informationswert bei vollkommener Information für die Entscheidung über Informationsbeschaffung bei unvollkommener Information gegebenenfalls gezogen werden?

K 5.4: Wozu dient das Bayessche Theorem?

K 5.5: Welche Bedeutung haben die Likelihoods?

Übung 5.1: Gegeben ist folgende Ergebnismatrix mit a priori angenommenen Wahrscheinlichkeiten hinsichtlich des Eintritts der drei möglichen Umweltzustände:

	s_1 $p_1 = 1/3$	s_2 $p_2 = 1/3$	s_3 $p_3 = 1/3$
a_1	65.000	80.000	110.000
a_2	180.000	75.000	150.000
a_3	100.000	60.000	95.000
a_4	70.000	150.000	20.000

Ein (risikoneutraler) Entscheidungsträger besitze nun die Möglichkeit, vollkommene Information über den wahren Umweltzustand zu beschaffen. Welchen Betrag sollte er dafür höchstens aufwenden?

Übung 5.2: (nach Manz/Dahmen/Hoffmann 2000, S. 53 ff.) Einem risikoneutralen Besitzer eines kleinen Supermarktes bietet sich Möglichkeit 0, 1 oder 2 Einheiten eines neuen, sehr leicht verderblichen Produkts in sein Sortiment aufzunehmen. Der Kaufpreis je Einheit beträgt 50 €, der Verkaufspreis je Einheit 100 €. Werden die Produkte allerdings nicht am selben Tag abgesetzt, so sind sie verdorben; eine Übernachfrage hat hingegen keine negativen Konsequenzen.

a. Erstellen Sie die Ergebnismatrix!
b. Ermitteln Sie den Informationswert bei vollkommener Information!

Der Unternehmer habe nun die Möglichkeit, eine Testmarktuntersuchung durchführen zu lassen, die EUR 10,- kostet. Die möglichen Informationsergebnisse des Testmarktes können sein:

I_1: Absatzmenge = 0 Einheiten
I_2: Absatzmenge = 1 Einheit
I_3: Absatzmenge = 2 Einheiten

Über die Verlässlichkeit eines Testmarktresultates (I_i) in Bezug auf die tatsächliche Marktsituation (S_s) bestehen Erfahrungen in Gestalt folgender bedingter Wahrscheinlichkeiten (Likelihoods: $p(I_i | S_i)$):

	S_1	**S_2**	**S_3**
I_1	0,6	0,3	0,1
I_2	0,3	0,5	0,2
I_3	0,1	0,2	0,7

c. Mit Hilfe dieser Zusatzangaben ist nun zu überprüfen, ob es vorteilhaft ist, die Testmarktuntersuchung durchzuführen oder nicht!

6 Antworten und Lösungshinweise

Kapitel 1

K 1.1 Die Ergebnismatrix stellt den Ausgangspunkt für die Entscheidung dar. Sofern die Ergebnisse verschiedene Merkmale aufweisen, müssen diese vergleichbar gemacht werden. Dies geschieht, indem die Ergebnismatrix unter Anwendung des Zielsystems des Entscheidungsträgers in die Entscheidungsmatrix überführt wird.

K 1.2 Die Präferenzen des Entscheidungsträgers können durch die Ermittlung von Nutzenfunktionen explizit abgebildet werden. Häufig ist die empirische Bestimmung numerischer Nutzenfunktionen zu aufwendig oder (aufgrund Inkonsistenzen bei der Präferenzermittlung) unmöglich. Dann werden die Nutzenvorstellungen des Entscheidungsträgers entweder vereinfacht dargestellt (Extremierungsziel, lineare Höhenpräferenz) oder mit Hilfe von Ersatzkriterien implizit abgebildet. Zahlreiche Modelle und Methoden innerhalb der Entscheidungstheorie basieren auf dieser indirekten Abbildung der Präferenzen.

K 1.3 Zur Auswahl einer optimalen Handlungsalternative ist eine Entscheidungsregel erforderlich. Sie ist gekennzeichnet durch die Präferenzfunktion (= Funktionsgesetz wie die einzelnen Zielvariablen miteinander zu verknüpfen sind), die den Handlungsalternativen Präferenzwerte zuordnet und das Optimierungskriterium, das die angestrebte Ausprägung (z.B. das Maximum) für den Präferenzwert definiert. Es ist oft zweckmäßig, Entscheidungsregeln formal-mathematisch auszudrücken. Ein solcher Ausdruck wird in der Literatur auch als Zielfunktion bezeichnet.

Kapitel 2

K 2.1 Bei Extremierungszielen ist eine ordinale Höhenpräferenz zur Lösung des Entscheidungsproblems ausreichend. Die absolute Ergebnishöhe kann als Maß für den Nutzen herangezogen werden. Dieser steigt monoton im Fall der Maximierung (bzw. fällt bei Minimierung) der Zielgröße mit zunehmender Ergebnishöhe.

K 2.2 Zielneutralität, Zielkomplementarität, Zielkonkurrenz

K 2.3 Abnehmender (zunehmender) Nutzenzuwachs bei einer weiteren Ergebniseinheit mit wachsendem Ergebnis bei konkaven (konvexen) Nutzenfunktionen. Konstanter Grenznutzen bei linearen Nutzenfunktionen.

K 2.4 Z2: Maximierungsziel; konkaver Verlauf; Nutzenzuwachs verringert sich mit zunehmender Anzahl an Parkplätzen, da deren voraussichtliche Auslastung mit zunehmender Anzahl abnimmt. Z3: Minimierungsziel; linear fallende Nutzenfunktion; jede Mietsenkung um 1 € führt zu demselben Nutzenzuwachs. Z4: Minimierungsziel; fallende Nutzenfunktion mit konvexem Verlauf; Verkürzung von z.B. 2 km auf 1 km wird eine höhere Bedeutung beigemessen als z.B. einer Verkürzung von 12 auf 11 km (relative Verkürzung der Anfahrtszeit ist unterschiedlich!)

Ü 2.1 Zielfunktion: $G = 9 \cdot x_1 + 6 \cdot x_2 - 400 \rightarrow Max!$; NB analog Beispiel 2.2. Lösung: G = 2.720 € ; x1 = 240; x2 = 160.

Ü 2.2 a_1 kann von a_4 dominiert werden, wenn $u_{41} \geq 2$ *und* $u_{14} < 5$ oder wenn $u_{41} > 2$ und $u_{14} \leq 5$ gilt. a_2 kann nicht dominiert werden (maximaler Wert in Spalte 1 und 3). Es liegen zwei undominierte Alternativen vor, wenn a_4 die Alternativen a_1 und a_3 dominiert. Dies ist genau dann der Fall, wenn $u_{41} \geq 4$ und $u_{14} \leq 5$ gilt. (1), (2) richtig; (3), (4) falsch!

Ü 2.3 Gewichtungsfaktoren: Gewinn = 0,75; Umsatz = 0,25 und damit:

$a_1 : 0{,}25 \cdot 600.000 + 0{,}75 \cdot 5.000 = 153.750;\ a_2 = 104.500;\ a_3 = 56.000$

$\Rightarrow a_1 \succ a_2 \succ a_3$; aufgrund der im Verhältnis zum Gewinn hohen absoluten Beträgen beim Umsatz ist Alternative a_1 optimal, selbst wenn der Gewinn 100 mal so stark wie der Umsatz gewichtet würde. Normierung bzgl. Umsatz: (a_1: 1; a_2: 1/2; a_3: 0) und bzgl. Gewinn: (a_1: 0; a_2: 1/3; a_3: 1). Reihenfolge der Alternativen: $a_3 \succ a_2 \succ a_1$.

Ü 2.4 Angebotspreis p* = 50, Gewinn G (p*) = 550; Umsatz U (p*) = 1.500

Ü 2.5 Körth-Regel: $a_3 \succ a_1 \succ a_2$; Goal Programming: $a_1 \succ a_3 \succ a_2$; Zielgewichtung: $a_2 \succ a_3 \succ a_1$; lexikographische Ordnung: $a_2 \succ a_3 \succ a_1$.

Kapitel 3

K 3.1 Nach der Laplace-Regel gibt es angesichts der Unsicherheit keinen Grund für die Annahme, dass ein Umweltzustand eher eintreten wird als ein anderer. Infolgedessen sind alle Umweltzustände als gleichwahrscheinlich anzusehen.

K 3.2 Der Optimismus-Parameter λ drückt den Optimismus (und dadurch implizit auch die „Risikoeinstellung“) des Entscheidungsträgers aus. Je näher λ an eins (null) liegt, desto optimistischer (pestimistischer) ist die Einstellung des Entscheidungsträgers.

K 3.3 Die Elemente der Schadensmatrix geben die *relativen* (im Sinne entgangener Nutzeneinheiten), *bedingten* (in Abhängigkeit von einem bestimmten Zustand) Verluste von Fehlentscheidungen an. Alternative Bezeichnungen sind Opportunitätskostenmatrix und Bedauerns- bzw. Enttäuschungsmatrix.

Ü 3.1 Die Alternativen bestehen im Kauf von 0 (a_1), 1 (a_2), 2, (a_3), 3 (a_4), 4 (a_5) Einheiten, die relevanten Umweltzustände bestehen in den alternativen Nachfrageniveaus von 0 (s_1), 1 (s_2), 2 (s_3), 3 (s_4), 4 (s_5) Einheiten pro Tag. Die Ergebnis- und Schadensmatrix lauten in Matrizenschreibweise:

$$E = \begin{pmatrix} 0 & 0 & 0 & 0 & 0 \\ -10 & 10 & 10 & 10 & 10 \\ -20 & 0 & 20 & 20 & 20 \\ -30 & -10 & 10 & 30 & 30 \\ -40 & -20 & 0 & 20 & 40 \end{pmatrix} \quad S = \begin{pmatrix} 0 & 10 & 20 & 30 & 40 \\ 10 & 0 & 10 & 20 & 30 \\ 20 & 10 & 0 & 10 & 20 \\ 30 & 20 & 10 & 0 & 10 \\ 40 & 30 & 20 & 10 & 0 \end{pmatrix}$$

Die Bewertung der Alternativen nach den verschiedenen Entscheidungsregeln ergibt (die jeweils optimale Alternative ist mit * gekennzeichnet):

	Maximin	Maximax	Hurwicz	Laplace	Savage-Niehans
$\Phi(a_1)$	0*	0	0	0	40
$\Phi(a_2)$	-10	10	2	6	30
$\Phi(a_3)$	-20	20	4	8*	20*
$\Phi(a_4)$	-30	30	6	6	30
$\Phi(a_5)$	-40	40*	8*	0	40

Ü 3.2 $\Phi(a_1) = 120\lambda+40(1-\lambda) = 80\lambda+40$; $\Phi(a_2) = 90\lambda+60(1-\lambda) = 30\lambda+60$; $\Phi(a_3) = 100\lambda-20(1-\lambda) = 120\lambda-20$; hieraus folgt $\Phi(a_1) > \Phi(a_1)$ für alle $\lambda \in [0;1]$ (Begründung: $\Phi(a_1) = 120\lambda+40(1-\lambda) > \Phi(a_3) = 120\lambda-20$, weil $40(1-\lambda) \geq 0 > -20$). Ferner gilt: $\Phi(a_1) \geq \Phi(a_2) \Leftrightarrow 80\lambda+40 \geq 30\lambda+60 \Leftrightarrow 50\lambda \geq 20 \Leftrightarrow \lambda \geq 0{,}4$; d.h. bei $0 \leq \lambda < 0{,}4$ ist a_2 optimal, bei $0{,}4 < \lambda \leq 1$ ist a_1 optimal und bei $\lambda = 0{,}4$ sind a_1 und a_2 optimal. a_3 ist für keinen Wert von λ optimal.

Kapitel 4

K 4.1 Das μ-Prinzip unterstellt einen risikoneutralen Entscheidungsträger. Insofern kann das in der Realität auftretende Entscheidungsverhalten, das durch spezifische Risikoeinstellungen der Entscheidungssubjekte geprägt ist, mit diesem Prinzip häufig nicht nachvollzogen werden.

K 4.2 Das Sicherheitsäquivalent ist derjenige sichere Wert (z.B. Einkommen), der dazu führt, dass der Entscheidungsträger indifferent ist, zwischen dem Erhalt dieses sicheren Auszahlungsbetrages und der Wahl einer unsicheren Alternative.

K 4.3 Berücksichtigung der Risikopräferenz durch die Berechnung der subjektiven Nutzenwerte, die ein Entscheidungsträger mit alternativen Ergebnissen verbindet. Voraussetzung hierfür ist eine vorhandene bzw. ermittelbare Risikonutzenfunktion, deren Gestalt die Risikoeinstellung zum Ausdruck bringt.

K 4.4 Konvexe Nutzenfunktion (Risikofreude)

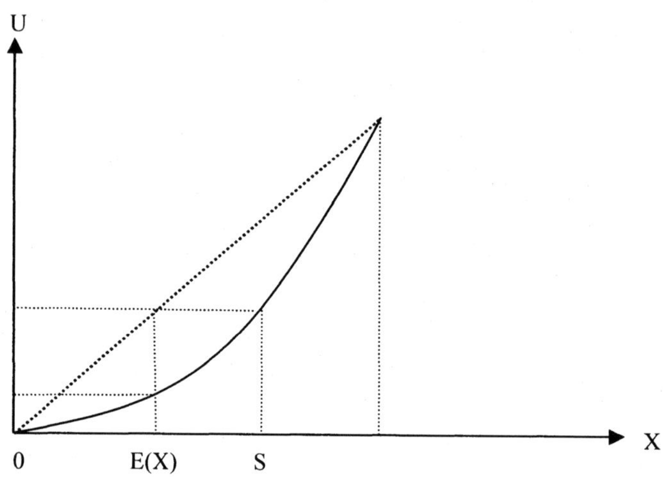

Ü 4.1 a) $a_1 \sim a_3 \succ a_2$; b) $a_2 \succ a_1 \succ a_3$; c) $S(a_1) = 8{,}86$; $S(a_2) = 9{,}19$; $S(a_3) = 8{,}26$.

Ü 4.2 Die Entscheidungsmatrix lautet:

Wetter Pj	heiß/trocken $p_1=0{,}2$	mild/trocken $p_2=0{,}4$	mild/feucht $p_3=0{,}4$
Weizen	900	2.500	6.400
Erdbeeren	10.000	8.100	4.900

Für den Nutzenerwartungswert ergibt sich: *Weizen E (u(eij)) = 58; Erdbeeren: E (u(eij)) = 84*. Aufgrund des höheren Erwartungsnutzen wird der Landwirt Erdbeeren anbauen! Gemäß *E(u(e)) = E(u(S) = u(S)* folgt *u(S)=84* und damit

$\sqrt{S} = 84 \Leftrightarrow S = 7.056$. Der Landwirt wird demnach mindestens einen Betrag von 7.056 EUR fordern.

Zusatz: Nach der gegebenen Ergebnismatrix ergibt sich für den Anbau von Erdbeeren ein Erwartungswert von μ = 7.200. Das Sicherheitäquivalent ist kleiner als der Erwartungswert, wodurch Risikoscheu ausgedrückt wird. Dies spiegelt sich im konkaven Verlauf der unterstellten Risikonutzenfunktion wider.

Ü 4.3 Da der Entscheidungsträger risikoneutral ist, gilt S = E(X). Hieraus folgt: 600 = 800 p +200 (1-p) und damit eine Wahrscheinlichkeit in Höhe von p = 2/3 für den Gewinn der 800 €.

Ü 4.4 Das Sicherheitsäquivalent beträgt S = ~~50,60~~ 44,94 (ger.); der Erwartungswert des Gewinns beträgt 34; da S > E(X) gilt, ist der Entscheidungsträger risikofreudig. Dieser Sachverhalt kann auch anhand der gegebenen (konvexen) RNF abgelesen werden.

Ü 4.5 $\Phi(a_1) = 8{,}78; \Phi(a_2) = 8{,}82;\ d.h.\ a_2 \succ a_1$, obwohl a_2 ineffizient ist!

Ü 4.6 Alternative a_1 dominiert a_2 im Sinne der Wahrscheinlichkeitsdominanz. Grafische Lösung analog Abb. 4.2. Rechnerische Lösung:

$$p(e_1 \geq e) \begin{cases} > p(e_2 \geq e) & \textit{für } 20 < e \leq 30 \\ = p(e_2 \geq e) & \textit{für } e \leq 20 \textit{ und } e > 30 \end{cases}$$

Ü 4.7 Geschäftsführer I ist risikofreudig: S = 1.500 > E(X) = 1.340; Geschäftsführer II ist risikoscheu: S = 5.500 < E(X) = 5.780.

Ü 4.8 Der Schadenserwartungswert beträgt: - 50.000 · 1/100 + 0 · 99/100 = -500. Da der Sammler risikoscheu ist, gilt S < E(X); er wird daher bereit sein, die Versicherungsprämie in Höhe von 500 € zu bezahlen.

Ü 4.9 Gegeben: $\sigma_p^2 = 4 \cdot \mu_p^2 - 90 \cdot \mu_p + 600$ (I) und $\Phi = 14 \cdot \mu_{(p)} - \sigma_{(p)}^2$ (II).

a) $\Phi(a_1) = 14\mu_A - \sigma_p^2 = 140 - 10^2 = 40$; $\Phi(a_2) = -120$; Entscheidung für Kauf von Wertpapier A.

b) Einsetzen von (I) in (II) führt zu $\Phi = 104 \cdot \mu_p - 4 \cdot \mu_p^2 - 600$ (III); Maximierung von (III) ergibt $\mu_p = 13$ (IV); Einsetzen von (IV) in (I) ergibt $\sigma_p = 10{,}30$.

c) Aus: $x_A = \dfrac{\mu_p - \mu_B}{\mu_A - \mu_B}$ und $x_B = 1 - x_A$ folgt: $x_A = 0{,}7$ und $x_B = 0{,}3$. Optimales Portefeuille: Anteil Wertpapier A = 70%; Wertpapier B = 30%.

d) Sicherheitsäquivalent: $14 \cdot S = 14 \cdot \mu - \sigma^2 \Rightarrow S = \mu - \frac{1}{14} \cdot \sigma^2$; Einzelanlage: S = 2,59 (d.h. 2,59 % Zins als gleichwertige sichere Anlage). Portefeuille: S = 6,75 (d.h. 6,75 % Zins als gleichwertige sichere Anlage).
e) „Durchschnittsrisiko" DR = $x_A\sigma_A + x_B\sigma_B = 0{,}7 \cdot 10 + 0{,}3 \cdot 20 = 13$; Verringerung des Risikos durch die Wertpapiermischung (Diversifikationseffekt): 13%-10,3% =2,7%.

Ü 4.10 Einsetzen der Ausgangsdaten in die relevanten Formeln ergibt:

Umweltzustand		**Aktie**		**Portefeuille**
j	p_j	$\tilde{r}_1$	$\tilde{r}_2$	mit: $x_1=1/2$, $x_2=1/2$
1	0,25	-2,00	5,00	
2	0,25	6,00	-7,00	
3	0,25	9,00	12,00	
4	0,25	11,00	14,00	
μ		6,00	6,00	6,00
σ^2		24,50	67,50	31,25
σ		4,95	8,22	5,59
„Durchschnitts-risiko"				6,58
$\text{cov}(\tilde{r}_1, \tilde{r}_2)$		16,50		
$\rho_{1,2}$		0,40574		

Kapitel 5

K 5.1 Bei einer Entscheidungssituation mit unvollkommenen Informationen existieren keine Informationen, die einen sicheren Rückschluss auf den eintretenden Umweltzustand erlauben. Die Nutzung eines unvollkommenen Informationssystems kann jedoch das Wahrscheinlichkeitsurteil bzgl. der zukünftigen Umweltzustände verbessern. Vollkommene Informationen ermöglichen hingegen einen sicheren Rückschluss auf den künftigen Zustand.

K 5.2 Mit Informationszugang kann zwar bei vollkommener Information auf den eintretenden Zustand mit Sicherheit geschlossen werden, aber zum Zeitpunkt der Entscheidung über Informationsbeschaffung ist die Information, die eingehen wird, noch nicht bekannt. Es bleibt somit bei einem Entscheidungsproblem unter Risiko.

K 5.3 Stellt sich in einer Entscheidungssituation, in der nur unvollkommene Information bezogen werden kann, heraus, dass die Kosten der Informationsbeschaffung bereits höher sind als der Informationswert bei vollkommener Information, kann mit Sicherheit gesagt werden, dass auf die Beschaffung der Information verzichtet werden muss. Insofern kann der (relativ einfach zu berechnende) Wert der vollkommenen Information für die Entscheidung über unvollkommenen Informationsbezug als obere Schranke herangezogen werden.

K 5.4 Der Entscheidungsträger kennt bei Entscheidungsproblemen unter Risiko den eintretenden Umweltzustand nicht genau; vielmehr besitzt er eine (a priori – angenommene) Verteilung bezüglich der Eintrittswahrscheinlichkeiten der Umweltzustände. Durch Informationsbezug kann er diese Wahrscheinlichkeitsverteilung revidieren bzw. an den neuen Informationsstand anpassen (a posteriori-Wahrscheinlichkeiten). Das Bayes'sche Theorem ist ein Verfahren, das neue Informationen in das Bewertungskalkül integriert, indem es den Zusammenhang zwischen Informationsbezug und Wahrscheinlichkeitsverteilung untersucht. Es gibt an, wie a posteriori-Wahrscheinlichkeiten aus a priori-Wahrscheinlichkeiten und Likelihoods bestimmt werden können.

K 5.5 Aus den Ergebnissen (Indikator) des Testmarktes (Informationsquelle) kann nicht mit Sicherheit auf die Situation des Gesamtmarktes geschlossen werden. Zur Ermittlung der a posteriori – Wahrscheinlichkeiten müssen daher Angaben vorliegen, wie „zuverlässig“ das Testmarktresultat in Bezug auf die tatsächliche Marktsituation ist. Die Likelihoods drücken diese stochastische Abhängigkeit zwischen Umweltzustand und Informationsergebnis aus und geben somit Aufschluss über die (bedingte) Wahrscheinlichkeit für das Informationsergebnis unter der Voraussetzung, dass ein bestimmter Umweltzustand wahr ist.

Ü 5.1 IW =EI - E = 160.000 – max {85.000, 135.000, 85.000; 80.000} = 25.000 oder über Schadensmatrix:

$$IW = \min_i \sum_j p_j s_{ij} = \min\{75.000, 25.000, 75.000, 80.000\} = 25.000$$

Ü 5.2 a)b) Ergebnis- bzw. Schadensmatrix (analog zu Übung 3.3)

$$E = \begin{pmatrix} 0 & 0 & 0 \\ -50 & 50 & 50 \\ -100 & 0 & 100 \end{pmatrix} \quad S = \begin{pmatrix} 0 & 50 & 100 \\ 50 & 0 & 50 \\ 100 & 50 & 0 \end{pmatrix} ;\text{IW} = \text{EI - E} = 65 - 30 = 35$$

(oder analog über die Schadensmatrix: $IW = \min_i \sum_j p_j s_{ij} = 35$).

c)

		Likelihoods $p(I_i \mid S_i)$			Gemeinsame Wahrscheinlichkeiten $p(I_i \cap S_s) = p(I_i \mid S_s) \cdot p(S_s)$			A posteriori-Wahrscheinlichkeiten $p(S_s \mid I_i) = p(S_s \cap I_i)/p(I_i)$		
	$p(S_s)$	I_1	I_2	I_3	I_1	I_2	I_3	I_1	I_2	I_3
S_1	0,2	0,60	0,30	0,10	0,12	0,06	0,02	**0,4615**	**0,1935**	**0,0465**
S_2	0,3	0,30	0,50	0,20	0,09	0,15	0,06	**0,3462**	**0,4839**	**0,1396**
S_3	0,5	0,10	0,20	0,70	0,05	0,10	0,35	**0,1923**	**0,3226**	**0,8139**
					$p(I_1)$= 0,260	**$p(I_2)$= 0,310**	**$p(I_3)$= 0,430**	1	1	1

→ IW =EI - E = 0,26·3,85 + 0,31·30,65+0,43·76,74 - 30 = 43,50-30 = 13,50 €.
Da der Wert der Information höher ist als deren Kosten (10 €), ist die Durchführung des Testmarktes vorteilhaft.

Literaturverzeichnis

Bamberg, G./Coenenberg, A.G. 2006: Betriebswirtschaftliche Entscheidungslehre, 13. Auflage, München.

Bamberg, G./Baur, F. 2002: Statistik, 12. Auflage, München.

Bitz, M. 1981: Entscheidungstheorie, München.

Dörsam, P. 2007: Grundlagen der Entscheidungstheorie, 5. Auflage, Heidenau.

Eisenführ, F./Weber, M. 2003: Rationales Entscheiden, 4. Auflage, Berlin u.a.

Hagenloch, T. 2007: Value Based Management und Discounted Cash Flow-Ansätze, Norderstedt.

Hagenloch, T. 2004a: Lebenslanges Entscheiden – Fallstudie zur Entscheidungsfindung bei Risiko, in: Horst, B./Söhnchen, W. (Hrsg.), Wertschöpfung und Supply Chain. Netzwerk - Innovation – Risiko, Aachen, S. 203-228.

Hagenloch, T. 2004b: Entscheidungen unter Unsicherheit – Was sind neue Informationen wert?, in: Das Wirtschaftsstudium (WISU), 33. Jg., S. 774-780.

Hauke, W./Opitz, O. 2003: Mathematische Unternehmensplanung, 2. Auflage Norderstedt.

Kappler, E./Rehkugler, H. 1991: Kapitalwirtschaft, in: Heinen, E. (Hrsg.), Industriebetriebslehre, 9. Wiesbaden, S. 897-1068.

Klein, R./Scholl, A. 2004: Planung und Entscheidung, München.

Laux, H. 2003: Entscheidungstheorie, 5. Auflage, Berlin u.a.

Manz, K./Dahmen, A./Hoffmann, L. 2000: Entscheidungstheorie, 2. Auflage, München.

Manz, K./Dahmen, A. 1999: Investition, Kompaktstudium Wirtschaftswissenschaften, Band 5, 2. Auflage, München.

Markowitz, H.M. 1952: Portfolio Selection, in: Journal of Finance (JoF), Vol. 7, S. 77-91.

Markowitz, H.M. 1959: Portfolio Selection. Efficient Diversification of Investments, New York et al.

Perridon, L./Steiner, M. 2004: Finanzwirtschaft der Unternehmung, 13. Auflage, München.

Pflaumer, P./Heine, B./Hartung, J. 2001: Statistik für Wirtschafts- und Sozialwissenschaften: Induktive Statistik, München.

Pfohl, H.-Chr./Braun, G.E. 1981: Entscheidungstheorie. Normative und deskriptive Grundlagen des Entscheidens, Landsberg a.L.

Schierenbeck, H. 2003: Grundzüge der Betriebswirtschaftslehre, 16. Auflage, München und Wien.

Schildbach, T. 1999: Entscheidung, in: Bitz, M. u.a. (Hrsg.), Vahlens Kompendium der Betriebswirtschaftslehre, Band 2, 4. Auflage, München 1999, S. 65-108.

Schmidt, R.H./Terberger, E. 1997: Grundzüge der Investitions- und Finanzierungstheorie, 4. Auflage, Wiesbaden.

Schneider, Dietram 2004: Grundlagen der Betriebswirtschaftslehre – kompaktes Basiswissen, Norderstedt.

Sieben, G./Schildbach, T. 1994: Betriebswirtschaftliche Entscheidungstheorie, 4. Auflage, Düsseldorf.

Steiner, M./Bruns, C. 2002: Wertpapiermanagement. Professionelle Wertpapieranalyse und Portfoliostrukturierung, 8. Auflage, Stuttgart.

Stingl, P. 2002: Operation Research. Linearoptimierung, München und Wien.

von Nitzsch, R. 2002: Entscheidungslehre, Stuttgart.

Stichwortverzeichnis

Aktionenraum 5, 17, 24
Artenpräferenz 12, 15, 35

Bandbreiteneffekt 37
Bayes-Regel, s. *μ-Prinzip*
Bayes'sches Theorem 15, **125ff.**
Bedauernsmatrix, s. *Schadensmatrix*
Bernoulli-Befragung 51, 86, **92ff.**, 109
Bernoulli-Prinzip 14, 85ff., 108.
- Rationalität des –s 86, 95, 106
- Axiome des –s 86, 106

Dominanz
- absolute 45, 54
- bei Zielkonflikten 33f.
- Verstoß gegen -prinzip 62, 106, 108
- Wahrscheinlichkeits- 52ff., 86, 98
- Zustands- 43f., 54, 98

Entscheidung 1
Entscheidungsregel 1, 10, 12, 14f., 17f., 32f., 37f., 45ff., 55, 86, 98ff., 108, 133
effiziente Alternativen **33f.**, 44, 52
Entscheidungstheorie
- deskriptive 2
- Grundmodell der 2ff., 21f.
- normative 1f.
Enttäuschungsmatrix, s. *Schadensmatrix*
einfache Chance 86, 92ff.
Ergebnismatrix 4, **7f.**, 133
Entscheidungsmatrix **13**, 88, 133
Entscheidungsfeld 3f., 9, 22
Erwartungsnutzentheorie, s. *Bernoulli-Prinzip*
Erwartungswert 16, 18, 49, 55, 66, 91, 130

Effizienzlinie 81

Goal-Programming 39f.

Halbierungsmethode 31f.
Höhenpräferenz 11, 14f., 20, 22, 45, 133
Hurwicz-Regel 47f.

Indifferenzlinien **61f.**, 82, 104f., 107f.
ineffiziente Alternativen **34**, 43, 98, 106
Information
- unvollkommene 119ff.
- vollkommene 119ff.
Informationsstand 6, 95, 119f, 124, 130
Infomationswert 119ff.
Informationsbeschaffung 7, 119ff.

Körth-Regel 38f.
Korrelationskoeffizient 70ff.
Kovarianz 70f.

Laplace-Regel 49, 134
lexikographische Ordnung 38
Likelihood 125, 139
Linear-Transformation 101

Maximax-Regel 46
Maximin-Regel 46f., 49
Mathematisches Entscheidungsmodell 3, 22f.

Nutzenfunktion (s.a. Risikonutzenfunktion) 12ff., 21, 27ff.
- Gestalt 14, 20, 29f., **31f.**
- Ermittlung, s. *Halbierungsmethode*

μ-Kriterium
- im Einzelfall 56f.
- im Wiederholungsfall 57f.
μ-Prinzip **55**, 99
- Rationalität des 100ff.
μ-σ-Prinzip **59**, 66ff., 102
- Formen des 59 ff., 82, 103ff.
- Rationalität des 61f., 106ff.
μ-σ-Diagramme **61f.**, 69, 76ff., 79f., 104f, 108.

Optimismus-Parameter 47, 134
Ordinalprinzip 86
Opportunitätskostenmatrix, *s. Schadensmatrix*

Petersburger Spiel 58, **85**
Portefeuille
- effizientes 80f., 83
- optimales 80, 82
- Rendites eines -s 67, 72
- Risiko eines -s 67, 70, 72
- zulässiges 80
Portefeuille-Theorie 64ff.
Präferenzfeld, *s. μ-σ-Diagramme*
Präferenzfunktion **16ff.**, 21, 47, 56, 59ff., 82f., 103, 110, 112, 133
Präferenzwert **16ff.**, 21, 54, 60f., 63, 82, 87, 103ff., 112, 133
Produktionsprogramm 22f.

Risiko (s.a. Standardabweichung) 7, 51
Risikofreude 61f., 63, 89, 92
Risikoneutralität 61f., 63, 89, 92
Risikonutzenfunktion (s.a. Nutzenfunktion) 14, 87
- Gestalt 90, 92, 95, 109ff., 137
- Ermittlung, *s. Bernoulli-Befragung*
Risikopräferenz 12, 15, 54, 56, 58, 136
Risikoscheu 61f., 63, 89, 92

Savage-Niehans-Regel 48
Schadensmatrix 48, 135
Sicherheit 7, 19
Sicherheitsäquivalent **63f.**, 88ff., 100, 104, 112f., 136
Standardabweichung 59, 61, 66, 74ff., 102f.
Stetigkeitsaxiom 86
Substitutionsprinzip 86
Ungewissheit 7, 43
Unsicherheit 7

Varianz 60f., 66, 70, 72, 76f.

Wahrscheinlichkeit
- a priori 119f., 139
- a posteriori 102, 125, 139
- bedingte 125f., 132, 139
- objektive 51, 95
- subjektive 51, 95
- sverteilung 16, 51ff., **55**, 59, 66, 85f., 88f., 100, 104f., 113f., 125, 139
Wertpapiermischung, *s. Portefeuille-Theorie*
Wertpapierrendite **65**, 70ff.

Zeitpräferenz 12
Zielbeziehungen 26
Zielgewichtung 35ff.
Zielgrößenmatrix 19
Zielkonflikt 33f.
Zielsystem 3f., 10f., 133
Zustandsraum 5